ISBN-13: 978-1983459283

ISBN-10: 1983459283

DOMÓTICA

Tratados, instalaciones y ejercicios

Ing. Miguel D'Addario

Primera edición
Comunidad Europea
2018

Índice

Introducción

Se llama domótica a los sistemas capaces de automatizar una vivienda o edificación de cualquier tipo, aportando servicios de gestión energética, seguridad, bienestar y comunicación, y que pueden estar integrados por medio de redes interiores y exteriores de comunicación, cableadas o inalámbricas, y cuyo control goza de cierta ubicuidad, desde dentro y fuera del hogar. Se podría definir como la integración de la tecnología en el diseño inteligente de un recinto cerrado.

El término domótica viene de la unión de las palabras domus (que significa casa en latín) y tica (de automática, palabra en griego: Que funciona por sí sola).

Aplicaciones

Los servicios que ofrece la domótica se pueden agrupar según cinco aspectos o ámbitos principales:

Programación y ahorro energético

El ahorro energético no es algo tangible, sino legible con un concepto al que se puede llegar de muchas maneras. En muchos casos no es necesario sustituir los aparatos o sistemas del hogar por otros que consuman menos energía sino una gestión eficiente de los mismos.

-Climatización y calderas: programación y zonificación, pudiéndose utilizar un termostato.

Se pueden encender o apagar la caldera usando un control de enchufe, mediante telefonía móvil, fija, Wi-Fi o Ethernet.

-Control de toldos y persianas eléctricas, realizando algunas funciones repetitivas automáticamente o bien por el usuario manualmente mediante un mando a distancia: Proteger automáticamente el toldo del viento, con un mismo sensor de viento que actúe sobre todos los toldos.

-Protección automática del sol, mediante un mismo sensor de sol que actúe sobre todos los toldos y persianas.

Con un mando a distancia o control central se puede accionar un producto o agrupación de productos y activar o desactivar el funcionamiento del sensor.

-Gestión eléctrica: Racionalización de cargas eléctricas: desconexión de equipos de uso no prioritario en función del consumo eléctrico en un momento dado.

-Gestión de tarifas, derivando el funcionamiento de algunos aparatos a horas de tarifa reducida

Confort

El confort conlleva todas las actuaciones que se puedan llevar a cabo que mejoren la comodidad en una vivienda.

Dichas actuaciones pueden ser de carácter tanto pasivo, como activo o mixtas.

-Iluminación: Apagado general de todas las luces de la vivienda.

-Automatización del apagado/encendido en cada punto de luz.

-Regulación de la iluminación según el nivel de luminosidad ambiente.

-Automatización de todos los distintos sistemas/instalaciones/dotándolos de control eficiente y de fácil manejo.

-Integración del portero al teléfono, o del videoportero al televisor.

Control vía Internet

Gestión Multimedia y del ocio electrónicos

Generación de macros y programas de forma sencilla para el usuario y automatización.

Seguridad

Consiste en una red de seguridad encargada de proteger tanto los bienes patrimoniales, como la seguridad personal y la vida.

-Alarmas de intrusión (anti-intrusión): Se utilizan para detectar o prevenir la presencia de personas extrañas en una vivienda o edificio.

-Detección de un posible intruso (Detectores volumétricos o perimetrales).

-Cierre de persianas puntual y seguro.

-Simulación de presencia.

-Detectores y alarmas de detección de incendios (detector de calor, detector de humo), detector de gas (fugas de gas, para cocinas no eléctricas), escapes de agua e inundación, concentración de monóxido de carbono en garajes cuando se usan vehículos de combustión.

-Alerta médica y teleasistencia.

-Acceso a cámaras IP.

A modo de ejemplo, un detector de humo colocado en una cocina eléctrica, podría apagarla, cortando la electricidad que va a la misma, cuando se detecte un incendio.

Comunicaciones

Son los sistemas o infraestructuras de comunicaciones que posee el hogar.

Ubicuidad en el control tanto externo como interno, control remoto desde Internet, PC, mandos inalámbricos (p.ej. PDA con Wi-Fi), aparellaje eléctrico.

· Teleasistencia.

· Telemantenimiento.

· Informes de consumo y costes.

· Transmisión de alarmas.

· Intercomunicaciones.

· Telefonillos y videoporteros.

Accesibilidad

Bajo este epígrafe se incluyen las aplicaciones o instalaciones de control remoto del entorno que favorecen la autonomía personal de personas con limitaciones funcionales, o discapacidad.

El concepto diseño para todos es un movimiento que pretende crear la sensibilidad necesaria para que al diseñar un producto o servicio se tengan en cuenta las necesidades de todos los posibles usuarios, incluyendo las personas con diferentes capacidades o discapacidades, es decir, favorecer un diseño accesible para la diversidad humana. La inclusión social y la igualdad son términos o conceptos más generalistas y filosóficos. La domótica aplicada a favorecer la accesibilidad es un reto ético y creativo, pero sobre todo es la aplicación de la tecnología en el campo más necesario, para suplir limitaciones funcionales de las personas, incluyendo las personas discapacitadas o mayores. El objetivo no es que las personas con discapacidad puedan acceder a estas tecnologías, porque las tecnologías en si no son un objetivo, sino un medio. El objetivo de estas tecnologías es favorecer la autonomía personal. Los destinatarios de estas tecnologías son todas las personas, independientemente de su condición de enfermedad, discapacidad o envejecimiento.

Un sistema domótico orientado hacia el uso de personas con discapacidad incluye:

El registro y control del consumo de servicios en tiempo real: agua, energía eléctrica, gas, aire acondicionado o caldera.

La vigilancia remota de lugares distantes o inaccesibles para esa persona.

La transmisión de la información del usuario con sus familiares o cuidadores de forma constante y automatizada.

La posibilidad de emitir mensajes de emergencia o activar alarmas en caso necesario.

La programación de ambientes preconfigurados con varios dispositivos enlazados.

El sistema

Arquitectura

Desde el punto de vista de donde reside la inteligencia del sistema domótico, hay varias arquitecturas diferentes:

-Arquitectura centralizada: un controlador centralizado recibe información de múltiples sensores y, una vez procesada, genera las órdenes oportunas para los actuadores.

-Arquitectura distribuida: toda la inteligencia del sistema está distribuida por todos los módulos sean sensores o actuadores. Suele ser típico de los sistemas de cableado en bus, o redes inalámbricas.

-Arquitectura mixta: sistemas con arquitectura descentralizada en cuanto a que disponen de varios pequeños dispositivos capaces de adquirir y procesar la información de múltiples sensores y transmitirlos al resto de dispositivos distribuidos por la vivienda, p.ej. aquellos sistemas basados en Zig Bee y totalmente inalámbricos.

Elementos de una instalación domótica

- · Central de gestión
- · Sensores o detectores
- · Actuadores
- · Soportes de comunicación, como puede ser la red eléctrica existente.

Clasificación de tecnologías de redes domóticas
Interconexión de dispositivos

- · IEEE 1394 (FireWire)
- · Bluetooth
- · USB
- · IrDA

Redes de control y automatización

- KNX
- LonWorks
- X10, que no necesita instalación, ya que utiliza la red eléctrica de la casa.
- ZigBee
- Z-Wave
- Bus SCS
- LCN Local Control Network
- Redes de datos:
- Ethernet
- HomePlug
- HomePNA
- Wi-Fi

Protocolos

-inBus es un protocolo de comunicación que permite la comunicación entre distintos módulos electrónicos, no solo con funciones para la domótica, sino de cualquier tipo.

-X10: Protocolo de comunicaciones para el control remoto de dispositivos eléctricos, hace uso de los enchufes eléctricos, sin necesidad de nuevo cableado. Puede funcionar correctamente para la mayoría de los usuarios domésticos. Es de código abierto y el más difundido. Poco fiable frente a ruidos eléctricos.

-KNX/EIB: Bus de Instalación Europeo con más de 20 años y más de 100 fabricantes de productos compatibles entre sí.

-ZigBee: Protocolo estándar, recogido en el IEEE 802.15.4, de comunicaciones inalámbrico.

-OSGi: Open Services Gateway Initiative. Especificaciones abiertas de software que permita diseñar plataformas compatibles que puedan proporcionar múltiples servicios. Ha sido pensada para su compatibilidad con Jini o UPnP.

-LonWorks Protocolo abierto estándar ISO 14908-3 para el control distribuido de edificios, viviendas, industria y transporte.

Universal Plug and Play (UPnP): Arquitectura software abierta y distribuida que permite el intercambio de información y datos a los dispositivos conectados a una red.

-Modbus Protocolo abierto que permite la comunicación a través de RS-485 (Modbus RTU) o a través de Ethernet (Modbus TCP). Es el protocolo libre que lleva más años en el mercado y que dispone de un mayor número de fabricantes de dispositivos, lejos de desactualizarse, los fabricantes siguen lanzando al mercado dispositivos con este protocolo continuamente.

-BUSing es una tecnología de domótica distribuida, donde cada uno de los dispositivos conectados tiene autonomía propia, es "útil" por sí mismo.

INSTEON: Protocolo de comunicación con topología de malla de banda doble a través de corriente portadora y radio frecuencia.

Comparativa de los protocolos más populares.

Protocolo ⬦	Red eléctrica ⬦	Radiofrecuencia ⬦	¿Código abierto? ⬦	¿Necesita cableado neutral? ⬦
inBus	no	sí	sí, a través de CI preprogramados	no
C-Bus	no	sí	sí	no (usa category-5 UTP)
Insteon	sí	sí	sí	Generalmente
KNX	sí	sí	sí	no
UPB	sí	no	no	no
X10	sí	sí	sí	no
ZigBee	no	sí	sí	no
Z-Wave	no	sí	no	Generalmente lista Z-wave que necesita Neutral⬦

Organizaciones

IEEE: The Institute of Electrical and Electronics Engineers, el Instituto de Ingenieros Eléctricos y Electrónicos, una asociación técnico-profesional mundial dedicada a la estandarización, entre otras cosas. Es la mayor asociación internacional sin fines do luoro formada por profesionales de las nuevas tecnologías, como ingenieros eléctricos, ingenieros en electrónica, científicos de la computación e ingenieros en telecomunicación. A través de sus miembros, más de 360.000 voluntarios en 175 países, el IEEE es una autoridad líder y de máximo prestigio en las áreas técnicas derivadas de la eléctrica original: desde ingeniería computacional, tecnologías biomédica y aeroespacial, hasta las áreas de energía eléctrica, control, telecomunicaciones y electrónica de consumo, entre otras.

-CENELEC: Comité Europeo de Normalización Electrotécnica. La Comisión CENELEC/ENTR/e-Europe/2001-03 es la encargada de elaborar normas a nivel europeo y la organización que ha promocionado el Smart House Forum.

-DOMOTYS: Asociación empresarial que representa los intereses de las empresas, centros tecnológicos y universidades que conforman la cadena de valor del sector. Desde 2010 está reconocida como Agrupación de Empresas Innovadoras (AEI) por el Ministerio de Industria, así como Clúster de Empresas de

Domótica, Inmótica y Smart Cities por la Generalitat de Cataluña. El objetivo de Domotys es trabajar por la mejora de la competitividad de las empresas a través de cuatro líneas básicas de actuación: la internacionalización, el fomento de la I+D+i, la formación de los trabajadores y la búsqueda de financiación para proyectos que lleven a cabo sus asociados.

-CEDOM: Asociación Española de Domótica. Su objetivo principal es la promoción de la Domótica. Se trata del foro nacional en el que se reúnen todos los agentes del sector en España: fabricantes de productos domóticos, fabricantes de sistemas, instaladores, integradores, arquitecturas e ingenierías, centros de formación, universidades, centros tecnológicos.

-LonUsers España: Asociación de usuarios de la tecnología LonWorks, siendo creada por la iniciativa de empresas líderes en los diferentes sectores de aplicación de la tecnología LonWorks (domótica, inmótica, control industrial y de transporte).

-KNX Association: Es la Asociación internacional para la promoción del protocolo de bus KNX. KNX es una tecnología de bus normalizada para todas las aplicaciones en la Automatización y Control para viviendas y edificios. Esta tecnología está basada en más de 20 años de experiencia en el mercado gracias a sus predecesores BatiBus, EIB y EHS, ninguno de los cuales ha conseguido penetración en el mercado.

-Modbus Organization: Es la organización internacional de usuarios y fabricantes de dispositivos Modbus. Forman parte de esta asociación los principales fabricantes de dispositivos, cuenta con una tradición de más de 30 años y cuenta con cientos de afiliados.

-Alianza Z-wave: Es una alianza internacional establecida en 2005, compuesta por 375 compañías que desarrollan productos con el protocolo inalámbrico Z-wave. Garantizando la interoperabilidad de todos dispositivos que incorporan el estándar.

· CEDIA
· Continental Automated Buildings Association
· Digital Living Network Alliance
· Living Tomorrow
· MIT AgeLab
· SIMO TCI

Por países

-Chile

En Chile existen empresas que realicen trabajos de domótica, y varias de estas, se dedica al tema en forma exclusiva y completa. Dentro de los proyectos destacables de domótica en Chile podemos mencionar la automatización de las estaciones de las Líneas 4 y 4A del Metro de Santiago, Aeropuerto de la Araucanía, y varios edificios de oficinas.

-España

En España la domótica tiene presencia mediante multitud de empresas. Algunas de ellas fabrican equipamiento homologado de acuerdo a los estándares internacionales, mientras que otras se dedican a la implantación de estos sistemas desde hace más de 14 años. Muestra de la gran actividad en este país es el hecho de que es el segundo a nivel mundial con mayor número de KNX Partners, tan solo por detrás de Alemania.3 Cada dos años, empresas españolas participan en el concurso internacional KNX Awards, llegando a conseguirlo en varias ocasiones.

Existen diversas asociaciones, entidades públicas y agrupaciones empresariales sin ánimo de lucro cuyo principal objetivo es la implantación y la innovación de las empresas españolas en el ámbito de la domótica.

-Argentina

En Argentina la domótica surge de la mano de empresas de tecnología que incorporan el concepto y lo desarrollan. A comienzo de la década de 1990, estas empresas comienzan a hablar de domótica al referirse a la casa del futuro, y a realizar algunas aplicaciones de carácter parcial, participando en ferias y notas periodísticas que colaboran con la difusión del nuevo concepto. Conforme avanzan los años 90, las instalaciones se hacen más frecuentes e importantes comenzando a expandirse el mercado argentino, lo cual posibilita, llegado el fin del milenio, la aparición de otras compañías que comienzan a incorporarlo entre sus servicios o realizan desarrollos propios. La crisis económica Argentina de fines del 2001 paraliza este desarrollo que recién se recupera con la expansión que se da en el área de la construcción casi tres años después. En el año 2007 se realiza la primera exposición exclusiva de domótica "expo casa domótica" y primer congreso de domótica.5 En la provincia de Córdoba se formó una comisión de ingenieros especialistas que elaboró una Guía de Contenidos Mínimos para la elaboración de un Proyecto de Domótica.6 Dicha guía sirve como referencia y está disponible para cualquier persona que tenga interés en la actividad y como informativo del estado del arte. La Comisión de Domótica del CIEC7 nuclea a los profesionales de ésta materia en la provincia de Córdoba y vela por la calidad de los servicios que se prestan.

Formación

Existen múltiples centros privados y universidades que imparten una formación de postgrado y homologada (máster). Además, existen centros de formación homologados por KNX association para la obtención de la certificación Partner KNX.

Por otro lado, la titulación oficial de Técnico en Instalaciones de telecomunicaciones, incluye entre sus funciones las de instalación y mantenimiento de instalador-mantenedor de sistemas domóticos.

Capítulo 1
Domótica

Introducción a la domótica

Edificios inteligentes

El término domótica nace del neologismo francés 'domotique', el cual procede de la palabra latina domus (casa) y del francés telematique (telecomunicación informática).

Algunas descripciones

Concepto de vivienda que integra todos los automatismos en materia de seguridad, gestión de la energía, comunicaciones, concepto de vivienda que integra todos los automatismos en conjunto de servicios de la vivienda garantizado por sistemas que realizan varias funciones, los cuales pueden estar conectados entre sí, y a redes interiores y exteriores de comunicación.

Instalación e integración de varias redes y dispositivos electrónicos en el hogar, que permite automatizar actividades cotidianas de forma local o remota, de la vivienda o edificio.

Se trata pues de integrar, no dar soluciones aisladas.

Un montón de pequeños aparatos

Son baratos, pero demasiado autónomos, y dedicación específica.

No están sujetos a estándar.

Grandes sistemas domóticos diseñados para un campo de aplicación más o menos definido.

Su diseño está guiado para satisfacer una serie de necesidades.

No es altamente flexible. Alto coste.

¿Inmótica vs domótica?

Las posibilidades de la domótica son:

- · Mayor confort
- · Aumento de la seguridad
- · Controlar el gasto energético
- · Mayores capacidades de ocio
- · Mayores capacidades de ocio

Para ello, los dispositivos se conectan a través de una red interna llamada HAN (Home Area Network). Se divide en tres tipos de redes:

- · Red de control,
- · Red de datos,
- · Red multimedia.

Actualmente, cada una con diferentes tecnologías. La tendencia será la integración de todas ellas.

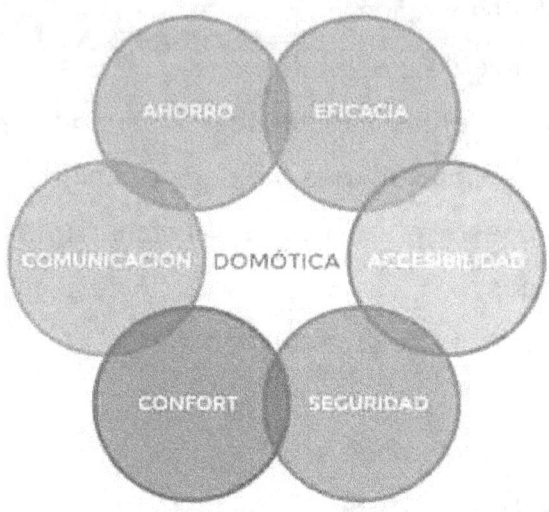

Claves para el éxito de un sistema domótico

Desde el punto vista usuario:

- Cubrir las necesidades (ni quedarse corto, ni pasarse)
- Facilidad de ampliación e incorporación de nuevas funciones.
- Simplicidad de uso.
- Alto grado de estandarización
- Servicio postventa
- Estética de la instalación
- Coste

Funciones de los Sistemas Domóticos

· Gestión de la energía

· Mejor uso de unos recursos escasos (energía). Diferentes tarifas según la franja horaria, gestionar el consumo de agua para no saltar al siguiente bloque de tarificación, control de iluminación interior y exteriores.

· Automatización de tareas domésticas

· Automatización de tareas domésticas

· Riego del jardín, abrir ventanas para ventilación, oscurecer ventanas para reducir la cantidad de luz natural, subir o bajar persianas. Seguridad

· Contra robos, intrusos, detección de fugas de gas e incendio y aviso a los servicios de emergencia.

Monitorización de la salud

Trata de vigilar la salud de una persona con necesidades de vigilancia (avanzada edad, enfermedades crónicas) donde el sistema sea capaz de identificar una situación de riesgo, y llamar a los servicios de emergencia.

Control remoto desde dentro de la vivienda.

Desde el salón conectar la calefacción en el dormitorio; o desde el dormitorio, apagar la TV en el salón.

Control remoto desde fuera de la vivienda.

A través de un móvil con WAP, internet o una llamada normal, apagar o encender luces, A/A.

Control remoto dentro y fuera de la vivienda

Programar algunas tareas antes de llegar a la casa, o dentro de la misma, indicar que acondicione la temperatura del baño minutos antes de tomar una ducha.

Programabilidad

Capaz de ser programado por el usuario, de forma fácil, muy fácil.

Inteligencia Artificial.

¿Aprender nuestras costumbres?

¿Resolver tareas que no hayamos programado previamente?

Pasarelas Residenciales

· HAN debe conectarse con el exterior mediante:

· RTC (Red Telefónica Conmutada)

· RDSI

- ADSL
- Cable

La Pasarela Residencial es un dispositivo que:
permite la convivencia de todas las redes y dispositivos internos, entre sí y con el exterior.

garantiza la seguridad de las comunicaciones hacia/desde HAN, y debe ser gestionable de forma remota.

Redes de interior HAN
Las redes de interior se pueden clasificar en tres tipos:

-Red de control
Interconecta los sensores, actuadores y electrodomésticos.

inteligentes con el sistema de control (centralita o centralitas).

Interconecta el PC, impresoras, escáneres, etc. Permite compartir.

-Red de datos
Interconecta el PC, impresoras, escáneres, etc. Permite compartir.

recursos informáticos y acceso a Internet.

-Red multimedia

Interconecta televisores, radios, DVD, cámaras de vídeo.

permitiendo la gestión y distribución de audio y video.

Es probable que todas concurran en torno a TCP/IP.

Dispositivos para la interconexión de Redes

-Repetidores

Nivel 1 (físico) modelo OSI.

Simplemente, regenera la señal.

-Concentradores (Hubs)

Nivel 1 (físico) modelo OSI.

Distribuyen las señales a todos los nodos. Facilitan estrella física, aunque la topología lógica pueda ser otra.

Nivel 2 (enlace) modelo OSI, subnivel MAC.

Segmenta el tráfico; deja pasar sólo aquellos paquetes y tramas que tienen destino en el otro segmento.

-Puentes

-Conmutadores (switches)

Similar a los puentes, pero permite que varios nodos se comuniquen simultáneamente, aumentando el ancho de banda.

Nivel 3 (red) modelo OSI.

Maneja direcciones de red, independientemente del protocolo.

Lee la información, determina el destino, reempaqueta y retransmite los datos.

Los rúters se comunican entre sí, para seleccionar los mejores caminos entre varios nodos, comunicando los cambios. Los rúters se comunican entre sí, para seleccionar los mejores Pasarelas.

Nivel 5, 6 y 7 (sesión, presentación y aplicación) modelo OSI.

Dispositivos más versátiles y flexibles.

Conectividad en entornos con diferentes protocolos.

-Rúters

Protección de la Red (HAN)

El sistema además de aportar funcionalidades, debe ser seguro y robusto.

Se deben conocer los riesgos más comunes que pueden afectar al sistema, para su valoración.

Por tanto, se debe asegurar la:

- · Protección de la red eléctrica
- · Protección contra virus
- · Protección contra accesos indebidos.

- Protección eléctrica

- Corriente eléctrica estable (sobre todo en el servidor).

- Correcta distribución del fluido eléctrico y equilibrio entre fases. No conectar a un mismo enchufe más equipos de los que puede soportar.

- Garantizar la continuidad de corriente (UPS o SAI):

- SAI en modo directo (de la red al SAI, y del SAI al sistema).

- SAI en modo reserva (solo actúa si falla la red).

-Transitorios o picos: por descargas en la red, como rayos o arranque/parada de máquinas de alta potencia.

Produce destrozos y pérdida de datos informáticos.

-Solución: utilizar filtro supresor o un SAI directo.

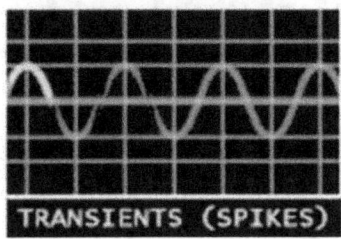

Subidas y bajadas: por conexiones y paradas de motores, y otras cargas inductivas. Provoca paros de equipos informáticos y electrónicos.

-Solución: utilizar acondicionador de línea o un SAI directo.

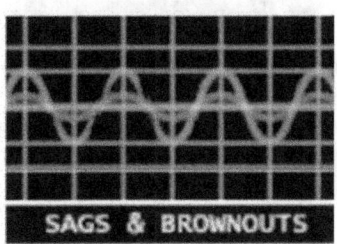

Subidas y bajadas: por conexiones y paradas de motores, y otras cargas inductivas. Provoca paros de equipos informáticos y electrónicos.

-Solución: utilizar acondicionador de línea o un SAI directo.

Sobretensiones: por maniobras de la distribuidora de electricidad. Provoca graves daños.

-Solución: utilizar acondicionador de línea o un SAI directo.

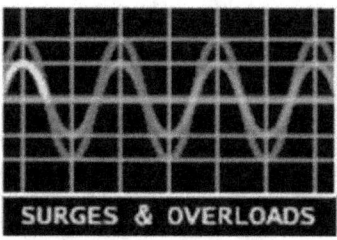

Cortes y microcortes: fallos de la compañía distribuidora, rayos y factor humano. Provoca daños en equipos informáticos y electrónicos.

-Solución: utilizar un SAI directo (on-line)

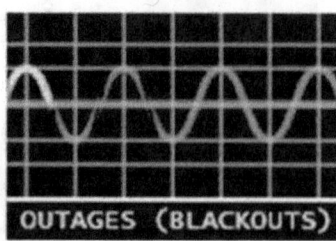

Protección contra virus

El sistema está expuesto a la infección de virus, gusanos, que pueden ocasionar un funcionamiento inadecuado (incluso peligroso, pues pensamos que estamos protegidos cuando no es así) del sistema.

Se deben instalar Antivirus, los cuales ralentizarán el sistema, pero elevará la seguridad del mismo.

Se deben instalar Antivirus, los cuales ralentizarán el sistema, Protección contra accesos indebidos.

Los Sistemas Operativos utilizados disponen de medios para impedir o frustrar conexiones indebidas a los recursos de la red.

Se hace uso de auditorías sobre el uso de los recursos, para detectar accesos indebidos.

Elementos Domóticos

Los elementos básicos que conforman un sistema domótico se clasifican en:

- Sensores
- Sistema de Control
- Actuadores
- Actuadores

En muchas ocasiones, dichos elementos se integran en un mismo dispositivo.

Por ejemplo, un detector de gas que dispone de sirena.

Sensores

Son los elementos que recogen la información del entorno (temperatura, humedad, cantidad de luz, presencia de un escape de agua, ...) y enviarla al sistema de control centralizado para que actúe en consecuencia.

El anemómetro mide la velocidad del viento, para determinar si se debe o no recoger automáticamente el toldo.

Por ejemplo:

En algunos casos, los sensores se pueden comunicar directamente con los actuadores.

No se suelen conectar a la corriente eléctrica (pilas), lo cual supone flexibilidad en la instalación.

Sensores (detectores) más comunes

· Termostato ambiente.

· Detector de gas.

· Detector de incendios.

· Sonda de humedad.

· Sonda de humedad.

- · Sensores de presencia (volumétricos y perimetrales).
- · Sensor de iluminación ambiente.

Dos o más sensores pueden ser utilizados de manera conjunta para realizar una determinada tarea.

Ejemplo:

Temperatura e iluminación si hace mucho calor, y hay mucha luz solar, bajar las persianas.

Sistema de Control

Arquitectura del sistema

-Centralizada

Los elementos a controlar y supervisar han de cablearse hasta el Sistema de Control. Si dicho Sistema falla, TODO deja de funcionar.

-Distribuida

Los elementos de control se sitúan próximos al elemento a controlar, existiendo un elemento de control de nivel superior que controla y supervisa los elementos de control.

-Mixta

Dividimos la instalación a controlar en zonas de forma distribuida, y cada zona se controla de forma centralizada.

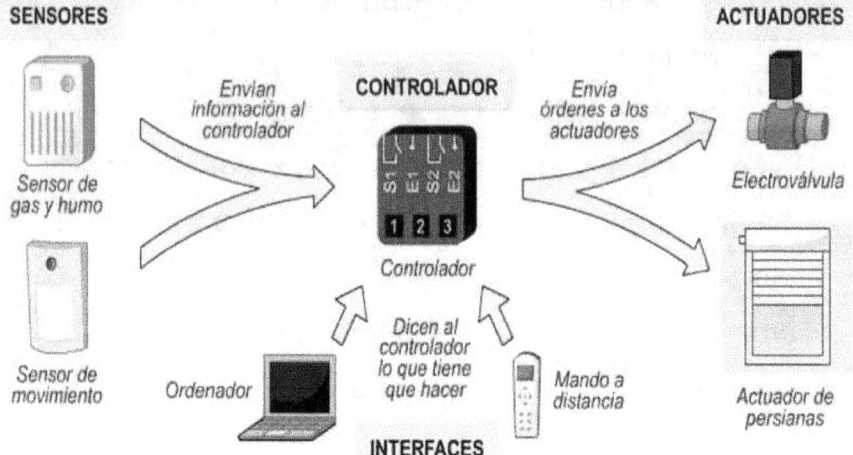

Componentes de un sistema domótico

Interfaz de usuario

Los usuarios pueden interactuar con el sistema de distintas maneras.

-Interfaz local.

La centralita incorpora una pantalla y un teclado.

-Interfaz de voz.

Permite programar o conocer el estado del edificio desde cualquier teléfono. Debe autentificarse con una contraseña.

-Interfaz de mensajes móviles.

Utilizan la red GSM (más económico con tarjetas prepago).

Si se produce una incidencia, envía un SMS o MMS (si disponemos de videocámara).

-Interfaz Web.

El sistema dispone de un servidor Web que permite configurar o conocer el estado actual de una forma gráfica (HTTP).

Actuadores

Son dispositivos que utiliza el sistema de control para modificar el estado de equipos o instalaciones.

-Actuadores más comunes:

- · Contactores (relés de actuación) de carril DIN.
- · Contactores de base de enchufe.
- · Contactores de base de enchufe.
- · Electroválvulas de corte de suministro (gas y agua).
- · Válvulas para zonificar la calefacción por agua caliente.
- · Sirenas o elementos zumbadores para el aviso de alarmas.

Ejemplo

Si un sensor de humo detecta un incendio, avisará al sistema de control. Este hará las llamadas telefónicas programadas y actuará sobre la válvula de corte de gas a la vivienda, y sobre la sirena.

Los sensores y actuadores pueden estar integrados en un mismo dispositivo.

-Electroválvulas de corte de suministro:

Para gas y agua.

Siempre abierta (reduce el consumo frente a siempre cerrada). 230 Vac, 50 Hz.

-Relés de maniobra:

Sirve para equipos que no son compatibles con ningún protocolo (X-10, EIB, LonWorks).

Se gestiona a través de la alimentación del equipo.

Comprobar que la potencia necesaria por el equipo es soportada por el relé.

Conviene provocar alarmas periódicas para comprobar su correcto funcionamiento (lo mismo que hacemos con el diferencial eléctrico doméstico).

Electrodomésticos y aparatos electrónicos inteligentes

Estarán interconectados por la red de control, intercambiando información entre ellos, incluso siendo programados o controlados por teléfono o Internet.

La tendencia actual es incorporar el sistema de control en el frigorífico, ya que los grandes controles en el frigorífico, ya que las grandes puertas facilitan la interface de usuario (pantalla táctil).

Posibilidades

-Frigoríficos: navegación por Internet; realización de la compra al supermercado; consulta de recetas.

-Hornos: limpieza automática (sistema de combustión de suciedades), almacenamiento de tiempos y temperaturas para diferentes recetas

Tecnología X10

Redes de Control.

256 dispositivos (identificación por código domiciliario + código numérico).

6 funciones básicas

- · Encendido.
- · Apagado.
- · Reducir.
- · Aumentar.
- · Todo encendido.
- · Todo apagado.

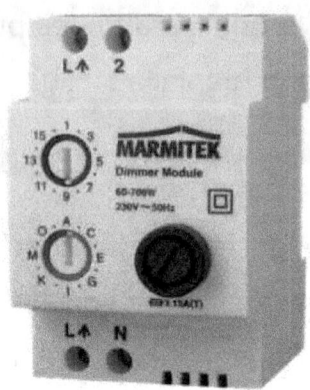

Interruptor X10 normalizado

Puede sustituir a cualquier otro interruptor de empotrar estándar y funciona exactamente igual.

Totalmente compatible con cualquier dispositivo X10. Puede ser utilizado de forma manual, pulsando el interruptor o de forma remota desde un mando a distancia.

Está diseñado para controlar luces (incluidas las fluorescente), aparatos de aire acondicionado, calentadores hasta una potencia de 2000 W y no necesita ningún cableado adicional tan solo conectarlo a su instalación estándar.

Responde a órdenes X10 generales como "todos encendidos" / "todos apagados".

Por seguridad, no trabaje nunca con corriente

1. Se disponen los mandos circulares con el código que le queramos asignar al receptor, por ejemplo, A-4.

2. Para montar el interruptor de aparato S110310 se procede de la forma habitual, igual que cualquier otro interruptor estándar, se conectan los cables, Fase a la entrada L†, neutro a N y fase de retorno a otro interruptor estándar, se conectan los cables, la salida L (FLECHA ABAJO).
Si se combina con otro conmutador este se conectará al terminal.

IMPORTANTE: Necesita completa alimentación, Fase y Neutro.

3. Ahora tan solo tiene que comprobar su correcto funcionamiento de forma manual.

4. Finalmente ajuste el programa de Domótica Active Home o utiliza cualquier mando compatible X10 y compruebe su funcionamiento a distancia.

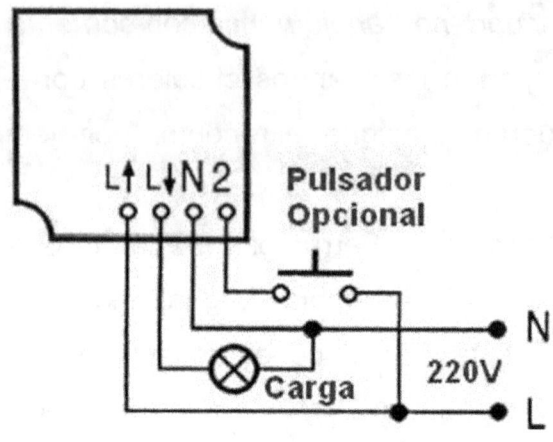

Detalle circuito con pulsador

X -10

En X -10 podemos encontrar 4 tipos de dispositivos:

-Transmisores: envían información a través de la red.

-Receptores: toman la señal enviada por los transmisores, y el dispositivo actúa encendiéndose o apagándose, según corresponda.

-Bidireccionales: pueden responder para confirmar una orden.

-Inalámbricos: puede recibir señal a través de su antena, e inyectarla en la red eléctrica.

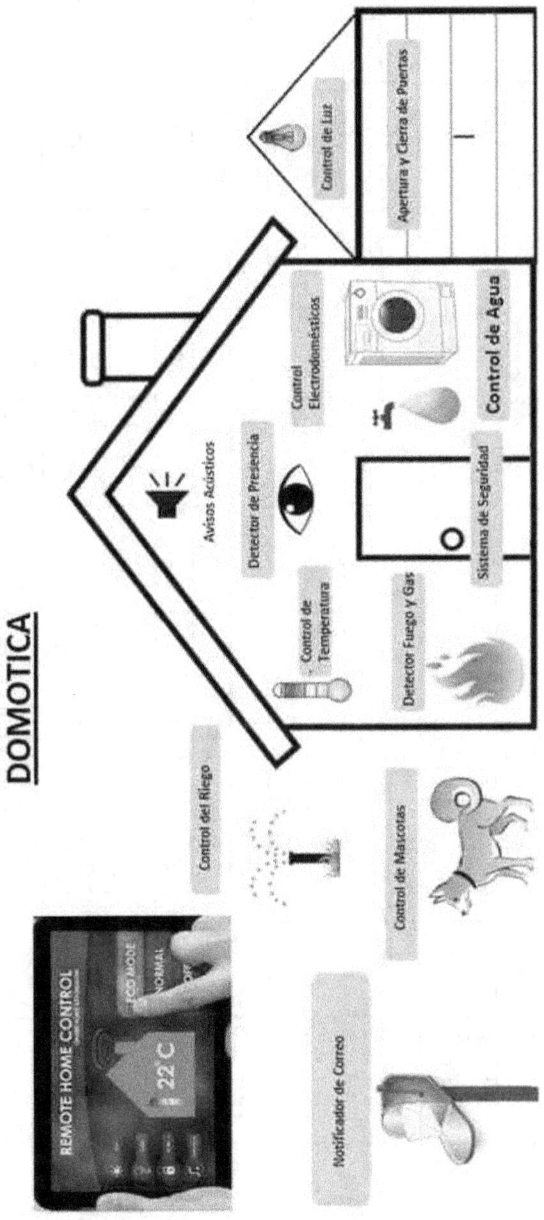
DOMOTICA
Control de Luz
Apertura y Cierre de Puertas
Control Electrodomésticos
Control de Agua
Avisos Acústicos
Detector de Presencia
Sistema de Seguridad
Control de Temperatura
Detector Fuego y Gas
Control del Riego
Control de Mascotas
Notificador de Correo
REMOTE HOME CONTROL
ECO MODE
NORMAL
22 C

CÓDIGO CASA

	H1	H2	H4	H8
A	0	1	1	0
B	1	1	1	0
C	0	0	1	0
D	1	0	1	0
E	0	0	0	1
F	1	0	0	1
G	0	1	0	1
H	1	1	0	1
I	0	1	1	1
J	1	1	1	1
K	0	0	1	1
L	1	0	1	1
M	0	0	0	0
N	1	0	0	0
O	0	1	0	0
P	1	1	0	0

CÓDIGO UNIDAD

	D1	D2	D4	D8	D16
1	0	1	1	0	0
2	1	1	1	0	0
3	0	0	1	0	0
4	1	0	1	0	0
5	0	0	0	1	0
6	1	0	0	1	0
7	0	1	0	1	0
8	1	1	0	1	0
9	0	1	1	1	0
10	1	1	1	1	0
11	0	0	1	1	0
12	1	0	1	1	0
13	0	0	0	0	0
14	1	0	0	0	0
15	0	1	0	0	0
16	1	1	0	0	0

CÓDIGO FUNCIÓN

	D1	D2	D4	D8	D16
ALL UNITS OFF	0	0	0	0	1
ALL LIGHTS ON	0	0	0	1	1
ON	0	0	1	0	1
OFF	0	0	1	1	1
DIM	0	1	0	0	1
BRIGHT	0	1	0	1	1
ALL LIGHTS OFF	0	1	1	0	1
CÓDIGO EXTEND	0	1	1	1	1
PETICIÓN SALUDO	1	0	0	0	1
ACEPTA SALUDO	1	0	0	1	1
ATENUACIÓN PRE	1	0	1	0	1
ATENUACIÓN PRE	1	0	1	1	1
DATOS EXTEND	1	1	0	0	1
ESTADO = ON	1	1	0	1	1
ESTADO = OFF	1	1	1	0	1
PETICIÓN ESTADO	1	1	1	1	1

Tabla de Códigos

Ahorrar energía

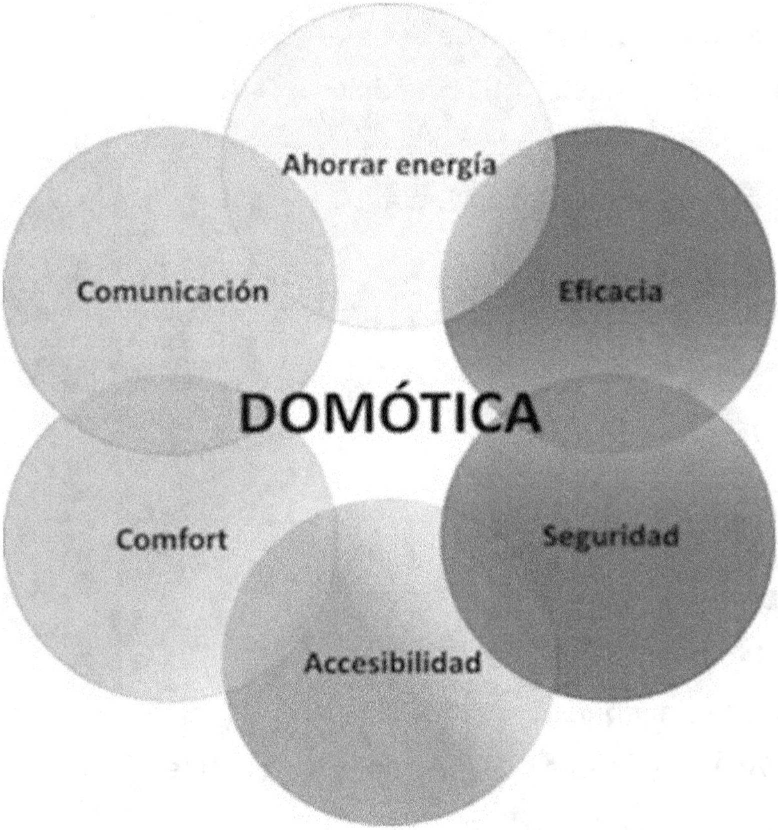

Comunicación

Eficacia

DOMÓTICA

Comfort

Seguridad

Accesibilidad

Dispositivos X10

Receptor RF / MA (433.92 MHz)

Receptor de RF desde mandos X-10.

Compatible con toda la gama de mandos remotos X-10.

Incorpora un módulo de aparato (5A).

Controla hasta 16 módulos X-10 (hasta 128 cambiando código casa).

Fácil instalación (plug & play).

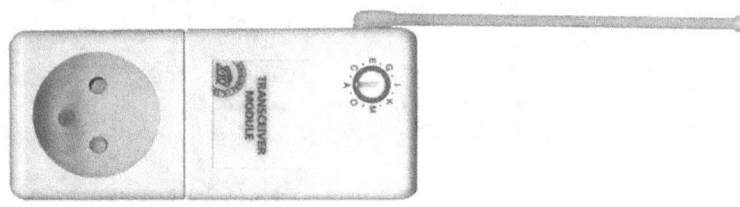

Mando multimedia - XTR080504

Mando universal 8 en 1.

Controla equipos A/V: TV, VHS, Receptor Satélite, DVD, TV cable, CD audio, PC Satélite, DVD, TV cable, CD audio, PC.

Controla domótica X-10.

Sustituye hasta 6 mandos a distancia.

2 botones de MACRO para encadenar hasta 16 Instrucciones.

Mando multimedia táctil - XTR080506

Mando universal con pantalla táctil.

Controla equipos A/V: TV, VHS.

Receptor Satélite, DVD, TV cable, CD audio, PC.

Controla domótica X-10.

Sustituye hasta 6 mandos a Distancia.

2 botones de MACRO para encadenar hasta 16 instrucciones.

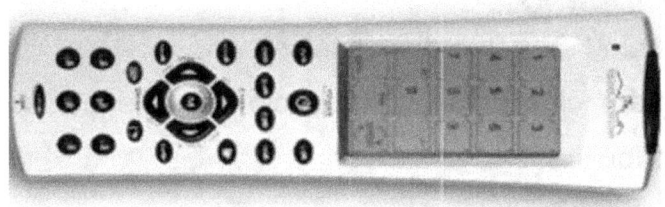

Sensor de presencia RF

Envía señales X-10 mediante RF al detectar presencia para encender una luz o aparato.

Incorpora fotocélula para detección de amanecer / anochecer.

Incorpora fotocélula para detección.

Rango de detección: 3 metros.

Rango de acción RF: 30 metros.

En combinación con el Programador PC, puede servirnos para activar una MACRO.

Programador PC

Controla hasta 256 dispositivos.

Programación horaria, simulación de presencia, reloj astronómico.

Funciones macro o escenas.

Fácil instalación (plug & play).

No necesita tener el PC encendido.

Software en castellano, compatible con todos los sistemas Windows. Incluye pilas (duración de 20 días).

Mini programador

Control local de 8 módulos X-10 (hasta 128 cambiando el código casa).

Programación de hasta 8 horarios de encendido/apagado en 4 grupos.

Programación de hasta 8 horarios de módulos X-10

Simulación de presencia aleatoria.

Fácil instalación (plug & play).

Formato reloj despertador.

Software

Software Active Home

Muy intuitivo y fácil de manejar.

Damos de alta los módulos instalados y los controlamos en tiempo real. Permite crear programaciones horarias y MACROS. (encadenamiento de órdenes), que se pueden almacenar en el Programador PC de órdenes), que se

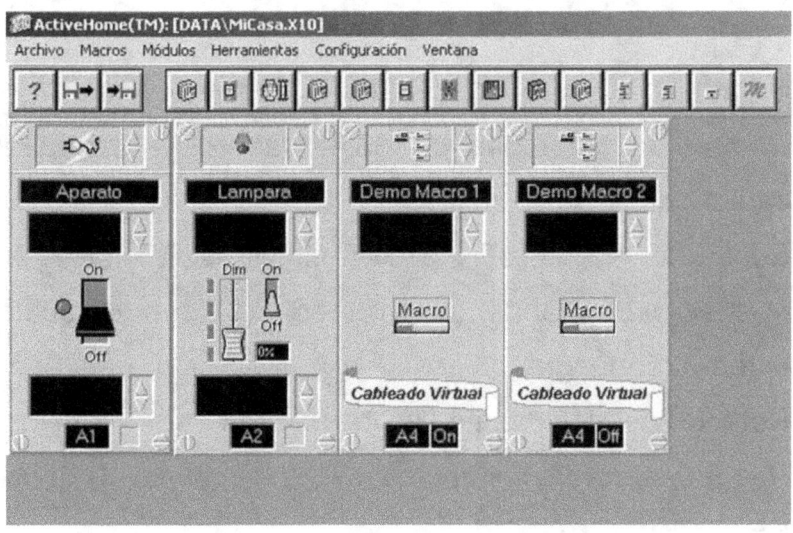

pueden almacenar en el Programador PC.

Una vez programado, no necesita el PC encendido.

Control

Control local de X-10 a través del teclado.

-Control a través de mandos a distancia:

Receptor RF integrado.

Hasta 16 mandos RF con código seguro.

Sin límite de mandos RF estándar X10.

-Control telefónico remoto:

Hasta 16 módulos X-10

Menú de voz en castellano.

Compatible con todo tipo de contestadores telefónicos.

Seguridad

Central de seguridad de 30 zonas RF + 2 zonas cableadas.

Sensor de Apertura/Transmisor Universal RF: para puertas y ventanas, o para conectar un detector externo (agua, gas).

Detector de Movimiento RF

Seguridad contra incendios con Detector de Humos RF.

Sirena integrada

En caso de alarma llamará a 6 números de teléfono definidos por el usuario.

Función "anti-jamming" para evitar interferencias.

Simulación de presencia aleatoria.

Confort

Programación de hasta 16 eventos horarios (calefacción, riego, luces de jardín, etc.).

Control inteligente de la temperatura con hasta 4 Termostatos X-10 inalámbricos y digitales.

Control telefónico de la temperatura.

Menú en pantalla LCD en castellano.

Control de luces y aparatos con mandos a distancia X-10.

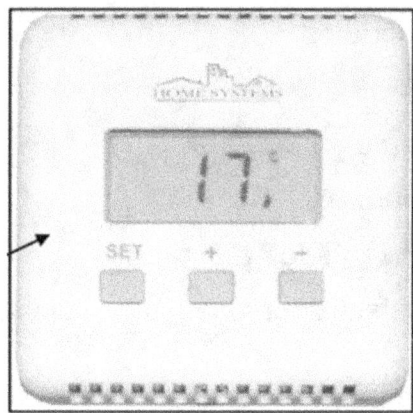

Tipos

En función de lo que queramos controlar:

MÓDULOS DE ILUMINACIÓN: nos permiten encender, apagar y regular luminarias apagar y regular luminarias.

MÓDULOS DE APARATO: podremos encender y apagar todo tipo de cargas eléctricas (electrodomésticos, luces, calefacción, etc.)

MÓDULOS DE PERSIANAS: permiten subir, bajar y regular motores (persianas, toldos, cortinas...).

Según el formato, tipos de módulos:

- Enchufe o "plug & play"
- De casquillo
- Empotrables
- Carril DIN
- Micromódulos.

Módulos Aparato y Lámpara

Módulo de aparato

Función de encendido / apagado

Controlan electrodomésticos, luces, calderas, depuradoras.

Soportan:

- Hasta 3500 W (aparatos).

- · Hasta 500 W (fluorescentes).

- · Hasta 16 A (resto cargas).

- · Hasta 16 A (resto cargas).

Módulo de lámpara

Función de encendido / apagado / aumento y atenuación de intensidad.

Controlan y regulan luces incandescentes desde 40 a 300 W.

Incluye fusible de seguridad.

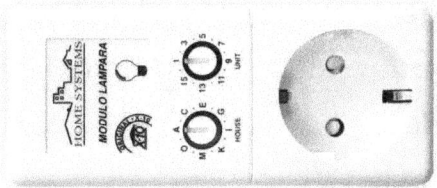

Módulo de Casquillo

Función de encendido / apagado.

Controlan luces incandescentes desde 60 a 100 W.

Ideal para uso en luces de jardín y exteriores o con luminarias de bajo consumo.

Módulos Empotrables

Pueden ser utilizado tanto manualmente como pulsador, o desde cualquier controlador X-10.

-De aparato:

Potencia hasta 3500W (electrodomésticos) o 2200W (fluorescentes)

-De iluminación:

Regulación de incandescente/ halógena (Trafo Magnético) de 60 hasta 500W.

Incorpora fusible de protección.

-De persianas:

Potencia hasta 1300 W (Motores de persianas, cortinas, toldos).

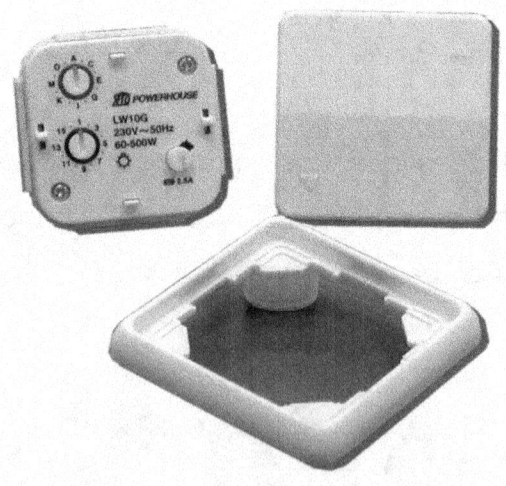

Esquema de Instalación

• MÓDULOS Iluminación y Aparato

• L = Fase

• N = Neutro

• L= Salida a carga

• 2 = Salida a pulsador

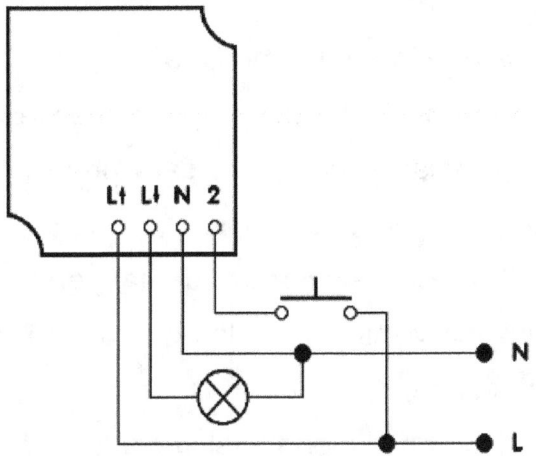

Módulo de Persianas

– Fase (L)

– Neutro (N)

– Subir (UP)

– Bajar (DN)

Módulo de Persianas

- Fase (L)
- Neutro (N)
- Subir (UP)
- Bajar (DN)

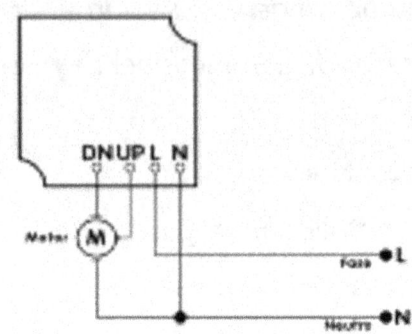

Programación Módulo de Persiana

Se deberá calibrar el tiempo que necesite el motor para subir y bajar la persiana, para programarlo hay que seguir los siguientes pasos:

Ajuste los finales de carrera de la persiana a los niveles máximo y mínimos a los que quiera que suba y baje la persiana.

Presione el botón superior del módulo para subir la persiana completamente.

Coloque al módulo el código Casa *.

Ahora presione el botón inferior del módulo hasta que la persiana se ha bajado.

Ahora presione el botón inferior del módulo hasta que la persiana se ha bajado por completo.

Dos segundos después libere el botón. La electrónica ha tomado la medida y la almacena interiormente y siempre sabrá la posición donde se quedó el motor.

Seleccione el código de Casa y de Unidad que desee para el módulo. La calibración está completada. La electrónica interna ha almacenado el tiempo de apertura y cierre del motor. Estos valores no se perderán aun en caso de desconexión eléctrica. Ahora puede actuar sobre la persiana desde el módulo o vía remota desde un controlador de X-10 (Si no ha programado el módulo de persiana no responderá a las órdenes de los controladores X-10).

Dispositivos X10 de Carril DIN

Puede ser controlado desde cualquier controlador X-10.

Control local desde pulsador convencional.

Aparato carril DIN

Para cargas resistivas de hasta 3500 W (16A.) (Control de calefacción eléctrica, Electrodomésticos, etc.).

Control encendido/apagado de iluminación fluorescente e incandescente (hasta 2000 W).

Control encendido/apagado de iluminación fluorescente.

Iluminación carril DIN

• Regulación de lámparas incandescentes (60 a 700W)

• Regulación de halógenas (trafo magnético 12 y 24v)

• Dispone de encendido y apagado suave

• Memoriza la intensidad luminosa, permitiendo crear escenas de

Iluminación.

Módulo de Aparato DIN

-Esquema de Instalación

L = Fase.

N = Neutro.

L = Salida a carga.

1 = Salida para interruptores adicionales.

2 estados: el módulo actúa cuando tiene voltaje, y se apaga cuando no.

2 estados: el módulo actúa cuando hay voltaje en el terminal.

2 = Salida para pulsadores adicionales.

Cada vez que se pulsa, se aplica voltaje y el módulo cambia de estado.

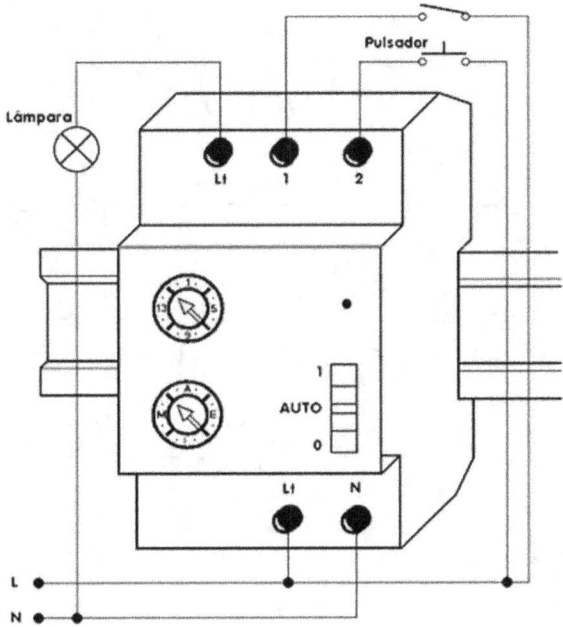

Módulo Iluminación DIN

-Esquema de instalación.

L = Fase.

N = Neutro.

L = Salida a circuito.

2 = Salida para pulsadores adicionales.

Cada vez que se pulsa, se aplica voltaje y el módulo cambia de estado.

Si se deja pulsado, el módulo hace un ciclo de regulación.

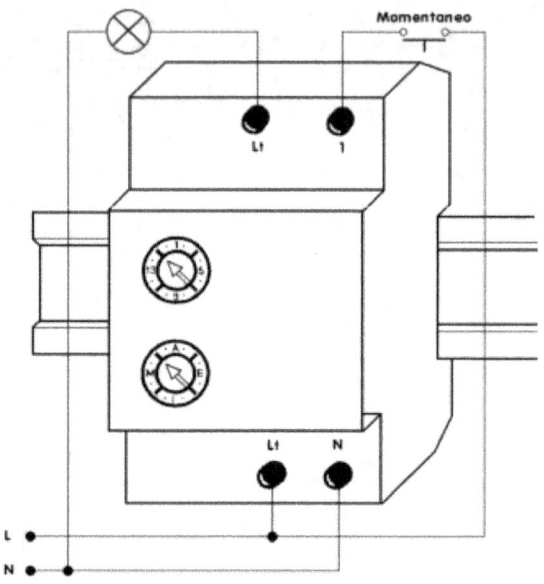

Evaluación Capítulo 1
Cuestionario

Marcar las afirmaciones correctas:

    a. La monitorización de la salud no es una función posible en la vivienda inteligente.

    b. Una posibilidad de la domótica es gestionar el consumo energético.

    c. Domótica e inmótica son el mismo concepto.

    d. La domótica precisa de una gran simplicidad de uso por parte del usuario.

Marca aquellos dispositivos que sean actuadores:

    a. Relé.

    b. Medidor de potencia eléctrica.

    c. Contactor.

    d. Detector de humos.

    e. Electroválvula.

    f. Ordenador.

    g. Sensor de humedad.

    h. Detector de presencia.

    i. Motor eléctrico.

Marca de la siguiente lista aquellos que son sensores:

    a. Detector de presencia

    b. Electroválvula

    c. Detector de inundación

    d. Medidor de iluminación

    e. Detector de humos

    f. Ordenador

    g. Relé

    h. Motor eléctrico

    i. Contactor

Marcar aquellos dispositivos que pertenezcan a la red multimedia:

    a. Cámara de vídeo analógica

    b. Detector de presencia

    c. Cámara de fotos digital

    d. Reproductor de video VHS y DVD

    e. Decodificador digital

    f. Televisor analógico

    g. Televisor digital

Marca aquellos dispositivos que pertenezcan a la red de control:

    a. Decodificador digital

    b. Motor eléctrico

    c. Detector de inundación

    d. Sensor de iluminación

    e. Electroválvula

    f. Ordenador personal

    g. Cámara de fotos digital

    h. Cable modem

    i. Impresora

Capítulo 2
Instalaciones en viviendas y edificios

Red Eléctrica

Se regula por el REBT (Reglamento Electrotécnico para Baja Tensión), R.D. 8421/2002, que entró en vigor en septiembre de 2.003.

En la instrucción 51 (ITC-BT-51), establece:

Los requisitos de la instalación de sistemas de automatización, gestión técnica de la energía, seguridad para viviendas y edificios (sistemas domóticos). Además, define su campo de aplicación, terminología, posibles sistemas de instalación utilizados, requisitos generales de la instalación y condiciones particulares.

Distribución de la energía eléctrica

Centros de transformación.

Utilización de la red eléctrica para transmisión de datos.

-Utilización de la red eléctrica

Ventajas

- · Amplia infraestructura.
- · Inconvenientes

· Ruido eléctrico.

Generación, distribución y consumo de la electricidad

Monofásica (viviendas de consumo medio y bajo)

Trifásica (instalaciones de consumo alto, hoteles, grandes superficies, industrias.).

En los casos que nos ocupan será de un tipo u otro dependiendo de la potencia de la instalación:

En las viviendas, normalmente, se hace uso de monofásica.

En edificios, y viviendas con alto consumo.

En edificios, y viviendas con alto consumo encontraremos la instalación trifásica.

Normalmente, la distribución a un edificio se hace en trifásica, de manera que, a cada vivienda, alternativamente con cada una de las fases, se suministra en monofásica.

Instalación eléctrica de un edificio

Si inyectamos señal de datos en la red eléctrica, deberemos evitar que pase la señal de una vivienda a otra. La señal salga a la red pública y, al contrario.

Será pues fundamental para la seguridad y confidencialidad.

Red de distribución

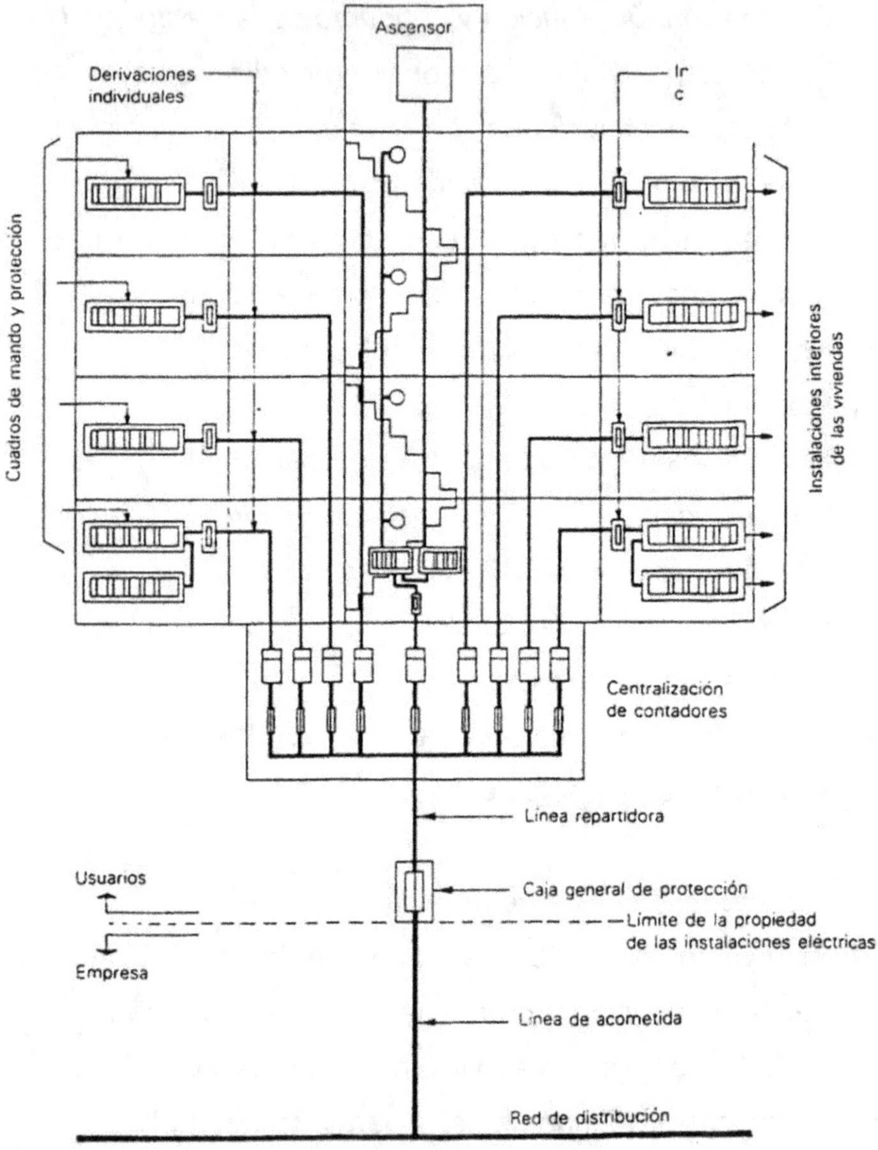

Ascensor

Derivaciones individuales

Ir c

Cuadros de mando y protección

Instalaciones interiores de las viviendas

Centralización de contadores

Línea repartidora

Usuarios

Empresa

Caja general de protección

Límite de la propiedad de las instalaciones eléctricas

Línea de acometida

Red de distribución

Instalación eléctrica de una vivienda se clasifican según el grado de electrificación.

Ejemplo con dos circuitos

Alumbrado fijo y tomas de corriente para alumbrado.

Tomas de corriente destinadas a otras aplicaciones.

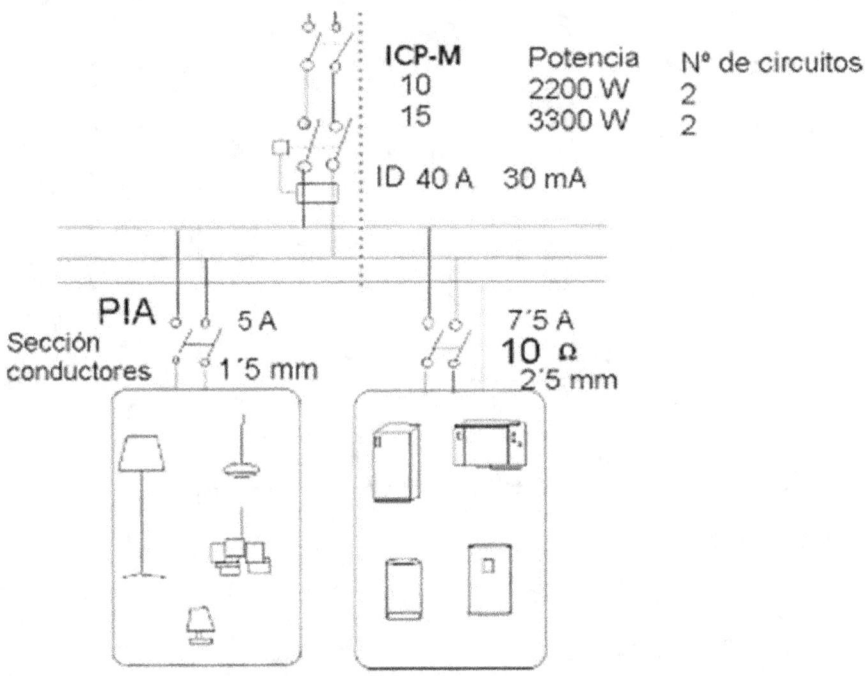

Ejemplo con cuatro circuitos

Alumbrado fijo y tomas de corriente para alumbrado.

Máquina de lavar, calentador de agua y Máquina de lavar, secadora.

Cocina eléctrica.

Tomas de corriente destinadas a otras aplicaciones.

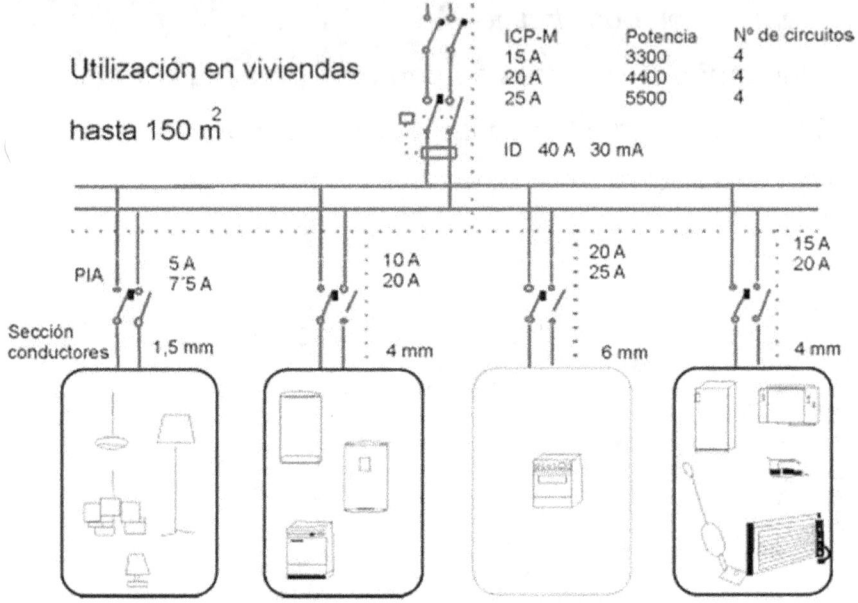

Derivación individual eléctrica de la vivienda

Contador:

Contabiliza el consumo

Control de máxima potencia contratada

ICP:

Diferencial + PIAs: protegen personas y bienes.

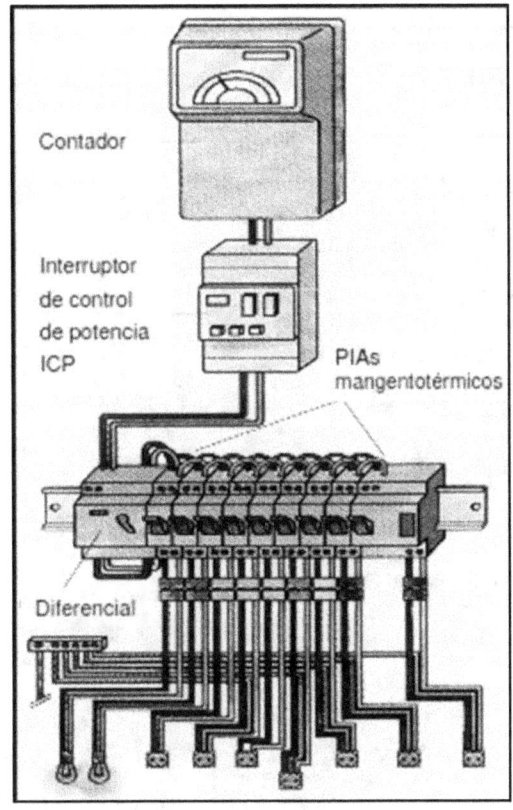

Instalación eléctrica interior

-Secciones mínimas de los cables:

Alumbrado: 1,5 mm2

Tomas de corriente: 2,5 mm2

Toma lavadora: 4 mm2

Cocina eléctrica: 6 mm2

-Código de colores:

Tierra: Amarillo – verde.

Neutro: azul claro.

Fase: negro, marrón y gris.

Instalación Fotovoltaica

La instalación puede ser:

-Aisladas.

-Conectadas a red.

Elementos básicos:

· Módulos fotovoltaicos.

· Regulador

· Acumuladores

· Inversor

· Receptores

· A corriente continua.

Instalación aislada

Genera corriente, la almacena y transforma de forma autónoma.

Aplicable a:

Instalaciones rurales alejadas de la red de distribución.

Instalaciones rurales alejadas de la red de Instalaciones de telecomunicación aisladas (repetidores en las cimas de montañas) y alejadas de la red de distribución.

Ejemplo: el esquema siguiente corresponde con una instalación de este tipo.

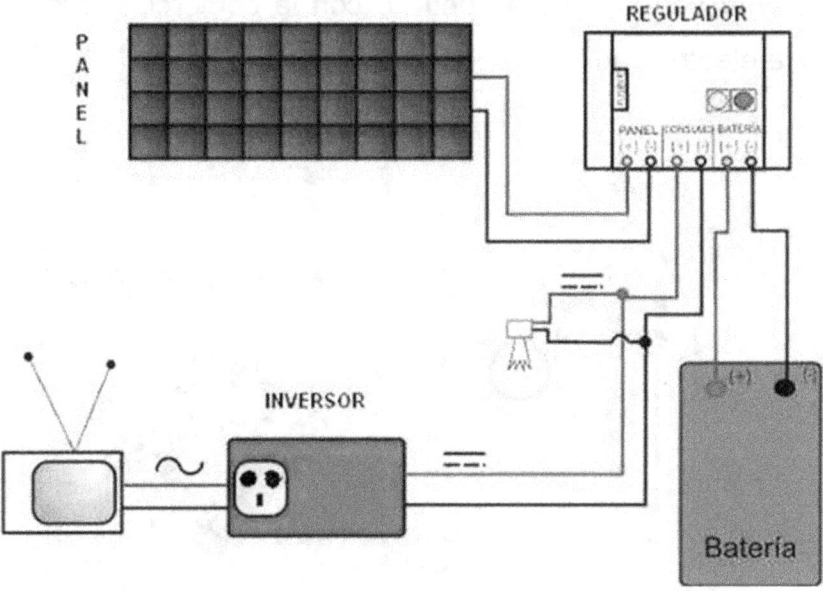

Instalación conectada a red

Genera corriente eléctrica que es inyectada en la red de distribución eléctrica, y al mismo tiempo consume energía eléctrica de la red.

La energía eléctrica generada está subvencionada (se cobra a):

La energía eléctrica generada está 0,40 €/KWh si la potencia instalada es menor de 5 KW (tarifa año 2.002). Y 0,20 €/KWh, si la potencia instalada es mayor a 5 KW (tarifa año 2.002).

La energía consumida se paga a:

Tarifa normal según contrato con la comercializadora de electricidad.

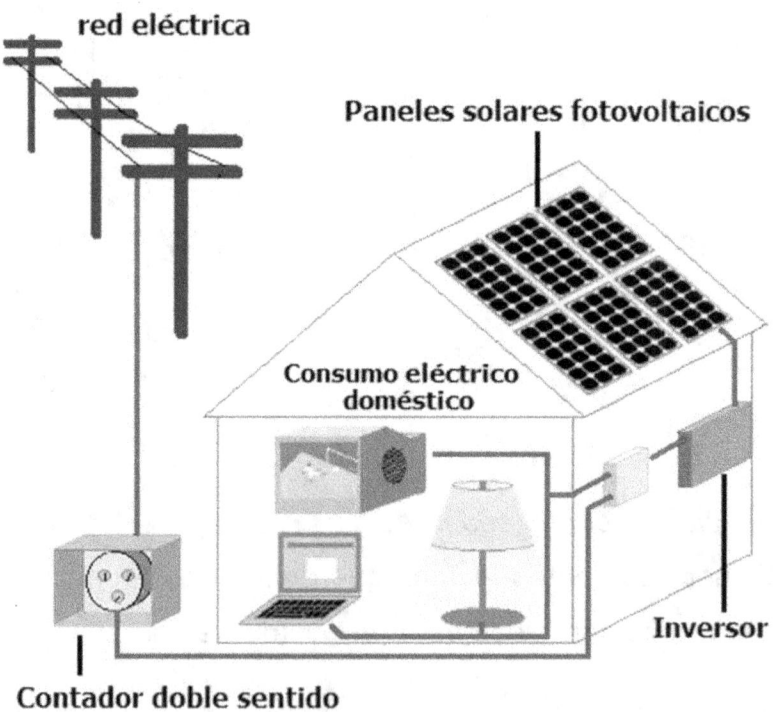

Red de Agua Sanitaria

-Instalaciones de agua:

Agua sanitaria

Fría

Caliente

Calefacción por agua

Existen diferentes formas de obtener agua caliente sanitaria:

Calentador a gas convencional y de encendido automático.

Calentador eléctrico con acumulador.

Colectores solares + alguno de los sistemas anteriores.

Se utilizan diferentes tipos de calentadores, acumuladores de agua caliente.

Agua caliente sanitaria por colectores solares

El agua que pasa por los colectores solares circula en un circuito cerrado. No se consume esta agua, pues en muchos casos debe incluir anticongelantes.

 Necesita de algún sistema de apoyo para los días en que el consumo sea mayor que la producción, días nublados.

Necesita de algún sistema de apoyo para los días sin sol. Un sistema de control determina si debe activar el sistema de calentamiento auxiliar.

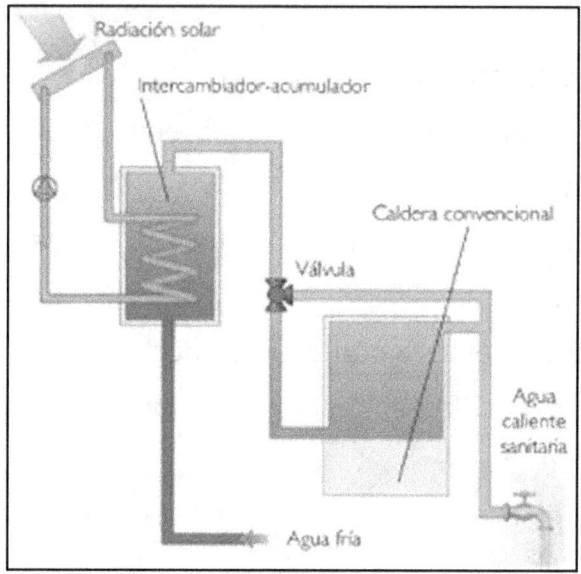

Existen sistemas compactos (el colector y acumulador forman un conjunto), que a su vez pueden ser:

-Convección natural

El agua caliente sube, estando la salida del agua caliente en lo alto del acumulador.

-Convección forzada

Necesita de una bomba, y un sistema de control, que actúe según temperaturas.

ICT – Infraestructura Común de Telecomunicaciones

El objetivo perseguido era integrar en una misma infraestructura una serie de servicios actuales (TB+RDSI, RTV, TLCA) y permitir la ampliación a nuevas plataformas.

Los operadores pueden dar sus servicios accediendo al inmueble tanto por el RITS como por el RITI.

Canalizaciones de la ICT:

Del RITS al RITI discurre la canalización principal.

En cada piso se enlaza con un Registro Secundario (RS).

Del RITS al RITI discurre la canalización principal.

De los RS hasta los PAU (Punto Acceso Usuario) es la canalización secundaria.

Desde el PAU hasta las tomas de TB, TLCA, TV es la canalización interior.

En viviendas unifamiliares, el Recinto de Instalaciones de Telecomunicación es Único (RITU).

Todos los operadores se conectan a través del RITU.

Desde cada registro secundario (RS) se da servicio a dos viviendas.

1 - ARQUETA DE ENTRADA
2 - PUNTO DE ENTRADA GENERAL
3 - REGISTRO DE CAMBIO DE DIRECCION
4 - REGISTRO SECUNDARIO
5 - REGISTRO DE TERMINACION DE RED DE TB + ROSI
6 - REGISTRO DE TERMINACION DE RED DE TLCA
7 - REGISTRO DE TERMINACION DE RED DE RTV
8 - REGISTRO DE PASO
9 - REGISTRO DE TOMA

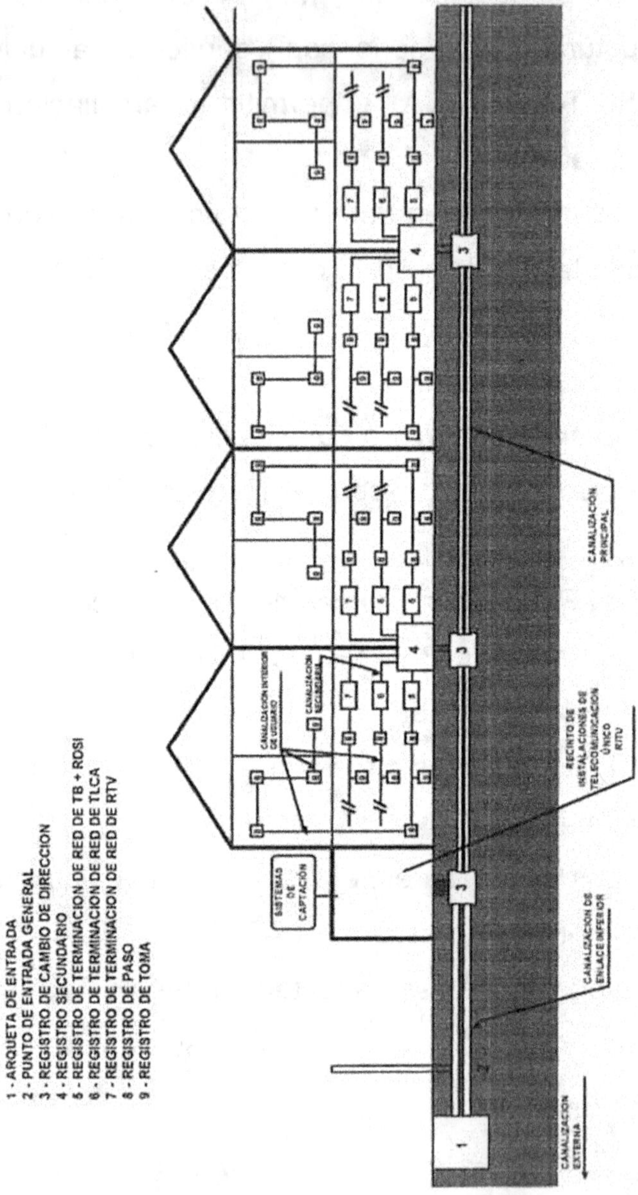

APÉNDICE 8 - INFRAESTRUCTURA PARA VIVIENDAS UNIFAMILIARES

102

Confort

Climatizador

Produce frío o calor, y expulsa el aire tratado al local.

Su funcionamiento es similar al de los frigoríficos o congeladores domésticos.

Un fluido circula por el circuito cerrado, evaporándose y condensándose, para quitar calor o aportar calor al recinto, respectivamente.

Ojo, el proceso puede cambiar la humedad relativa de la sala.

Según tratemos de calentar o enfriar la estancia, el equipo trabajará como bomba de calor o en régimen de verano.

Diferentes equipos

De ventana: se ajusta al hueco del muro o ventana.

De consola.

Equipos partidos (split o multisplit).

Las unidades interiores pueden ser de tipo mural, de techo o consolas.

Las unidades interiores pueden ser de tipo mural, de techo o el hueco a practicar es pequeño (simplemente deben pasar los conductos y los cables de corriente de la unidad exterior).

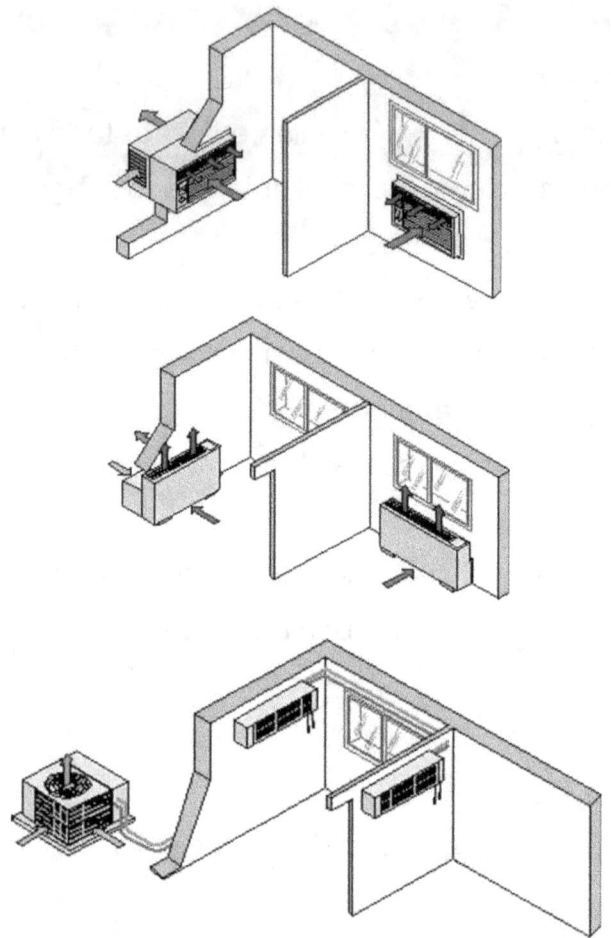

Equipo compacto individual

Descarga mediante una red de conductos y emite el aire a través de rejillas en pared o difusores de techo.

Suele ser un equipo para todo el local, siendo el control individual por equipo, y según las condiciones de la dependencia más representativa.

Equipo partido individual

Unidad exterior + Unidad interior

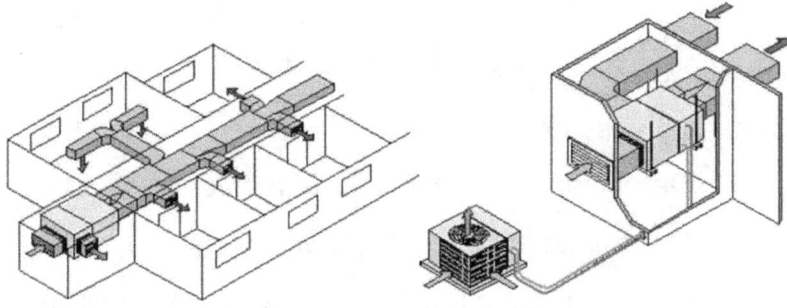

Equipos Multimedia

Actualmente, en casi todos los hogares se dispone de al menos uno de los siguientes dispositivos:

· Equipo de TV

· Equipo de Video (VHS)

· Equipo de DVD

· Equipo de Música

· Equipo de Música

Estos no dejan de ser más que equipos más o menos independientes, que permiten cierta conectividad entre ellos (sobre todo a través del Euroconector), llevada a cabo por el propio usuario.

HDMI: High-Definition Multimedia Interface

Sin embargo, la tendencia es integrar parte de ellos (Home Cinema).

Instalación de Seguridad

Sus objetivos son:

- · Detección de incendios o explosión,
- · Control de escape de gases,
- · Detección de inundación por escape de agua,
- · Detección de inundación por escape de agua,
- · Detección y protección (simulación de presencia) contra robos e intrusión,
- · Alumbrado de emergencia y otra señalización luminosa preventiva,
- · Control de accesos.

Los elementos constructivos de una alarma son:

- · Central de proceso o control,
- · Elementos detectores,
- · Elementos de señalización,
- · Elementos de señalización,
- · Elementos de conexión,
- · Alarmas contra incendios.

Siempre debe estar trabajando, tanto si hay como si no hay personal.

Instalación de Obligado Cumplimiento en locales de uso público, industriales y garajes, según ordenanzas municipales.

Los detectores pueden informar de:

- · Presencia de humo,
- · Presencia de fuego,
- · Aumento rápido de la temperatura.

Los detectores deben ser alimentados, ya sea de forma remota (cableado de potencia) o local (pilas o baterías).

Los detectores de incendios se pueden clasificar por:

-Su forma de actuar:

Por contacto N/C o N/A: contactos, abriendo o cerrando un circuito.

Támper: aumenta el consumo de corriente; la central lo detecta.

-Su tipo de trabajo:

Iónico: dos compartimentos con partículas radiactivas que ionizan el aire. Una permite la entrada de aire exterior, y la otra no.

Iónico: dos compartimentos con partículas radiactivas que ionizan.

Si hay humo, se reduce la ionización, lo cual es detectado.

Óptico de humo: una fotocélula más una lámpara de destellos dentro de una especie de laberinto. Cuando hay humo, la difracción hace llegar la luz a la fotocélula, que cambia su resistencia.

Óptico de llama: detecta la radiación infrarroja del ambiente.

Termovelocimétrico: compara la velocidad de variación dos NTC (una en contacto con el ambiente, y la otra protegida).

De contacto: son pulsadores de pánico. Ponen 'Romper el cristal y pulsar aquí'.

-Alarmas para detección de gases:

El tipo depende del gas a detectar.

Avisan de una concentración masiva y peligrosa.

Monóxido de carbono (CO):

Se utiliza en garajes, por los humos de los coches,

Aunque un calentador de gas butano que queme mal, también podría producirlo.

El detector consiste en un semiconductor que varía su resistencia en función de la concentración de CO.

Gas butano, propano o gas natural:

Se utiliza en cocinas.

-Alarmas contra robo:

Podemos tener diferentes configuraciones, desde tener un vigilante de seguridad hasta unir todos los sistemas posibles con la presencia de un vigilante.

Nos vamos a centrar en aquel que no precisa de personal en el lugar a vigilar, sino que se puede avisar a una central del lugar a vigilar, sino que se puede avisar a una central de alarmas.

Los sistemas antirrobo o intrusión se suelen dividir en tres niveles de protección

· Periferia de la construcción a proteger.

· Zonas de acceso a la zona a proteger.

· Lugar principal a proteger.

-Nivel de protección 1: PERIFERIA

Se protegen suelos, ventanas, paredes, vallas, etc.

Se utilizan sistemas de detección basados en detección infrarroja, ultrasonidos, detección magnética o cámaras de vigilancia.

-Nivel de protección 2: ZONAS DE ACCESO

Se protegen los pasillos, puertas, ascensores, etc.

Se utilizan sistemas de detección basados en infrarrojos, ultrasonidos, microondas, contactos magnéticos, fotoeléctricos, etc.

-Nivel de protección 3: LUGAR PRINCIPAL

Zona donde se encuentra el o los objetos a proteger. Además de los sistemas anteriores, se utilizan detectores de vibración o de infrasonidos, etc.

Detectores

-Clasificación según el tipo de trabajo:

-Captores: detectan algún tipo de radiación, no creada previamente por algún otro equipo.

-Infrarrojos: todo cuerpo a más de –273°C emite IR.

-Infrasónicos: detecta apertura de puertas, ventanas, variación de presión ambiental.

-Microfónicos: micrófono de alta sensibilidad, ajustado al sonido ambiente constante.

-Radar: se basan en emitir una señal (emisor) y detectar la señal refleja por medio de un detector (captador).

-Microondas: señal alrededor de 10 GHz. El captador compara nivel y frecuencia la señal recibida, y determina el estado de la barrera.

-Ultrasonidos: Entre 20 y 40 kHz. Emisor (altavoz) y receptor (micrófono).

-Barrera: tienen un emisor y un receptor enfrentados, que crean una barrera.

-Fotoeléctricos: podemos tener ultravioleta (invisible) o láser (visible).

-Contacto: Se basan en el movimiento de un contacto.

-Magnéticos: un imán y un tipo de relé especial (reed), que dispone de un contacto N/C. Cuando se distancia el imán, se abre el contacto.

-Mercurio: una cápsula, rellena de mercurio, con un contacto en cada extremo. Al moverse, el mercurio abre y cierra el circuito entre los contactos.

Normas para la colocación de Detectores

Además de colocarlos en zonas sin corrientes de aire, sin luz directa o sin alturas excesivas, considerar:

-Para un detector de infrarrojos:

No debe existir en la zona aparatos de aire acondicionado, ni calefacción.

No debe existir en la zona aparatos de aire acondicionado.

La entrada de luz directa no debe incidir sobre los detectores.

El detector puede ser activado por vibraciones de la base soporte, por lo que se debe fijar adecuadamente.

Se debe colocar de forma que los posibles intrusos penetren perpendicularmente a los haces de captación.

-Para un detector de microondas:

Este detector es más sensible a los movimientos en diagonal al detector, y no perpendicular.

Las superficies metálicas y el hormigón armado deforman el lóbulo de cobertura del radar, actuando como espejos.

Los vidrios o pedrería preciosa, pueden absorber el haz.

Puede llegar a atravesar el vidrio fino y pequeños tabiques, no siendo por tanto fiable.

No se debe dirigir el haz hacia los tubos de fluorescencia, ni instalarlos a menos de 2 m de los mismos.

Si hay más detectores, no se deben instalar dentro del radio de acción del otro.

El movimiento de cortinas u otros objetos puede activar el detector.

Iluminación de Seguridad
-Alumbrado de reemplazamiento:

Debe permitir que los sistemas de iluminación existentes permanezcan con su iluminación total durante un mínimo de 2 horas, gracias a un sistema de generación propio.

Uso en locales de alto riesgo para las personas, como en ciertas zonas de los hospitales, como quirófanos, unidades de cuidados intensivos.

-Alumbrado de señalización:

Debe ser capaz de iluminar, aunque se corte el suministro eléctrico.

Se coloca en peldaños de escaleras y pasillos de evacuación (balizas) de locales públicos (cines, teatros).

-Alumbrado de emergencia:

Permite en caso de fallo del alumbrado general, la evacuación segura y fácil del público hacia el exterior.

Dispone de baterías para su autonomía.

Sistemas de vigilancia CCTV

Son parte del conjunto de sistemas de seguridad

que existen en el mercado.

Se caracterizan porque no suelen ser autónomos, sino que van compaginados con los sistemas de alarma (anti-intrusismo).

Los CCTV (Circuito Cerrado de TV), pueden estar apoyados por un vigilante, o trabajar de forma automática (un equipo recoge la imagen y graba para su posterior utilización, como en cajeros automáticos, bancos).

Existen tres tipos básicos de sistemas CCTV
(Combinándolos se pueden crear sistemas más complejos):
-Sistemas de captación punto a punto:
La información se captura en un único punto (una sola cámara) y se visualiza en un punto único (un solo monitor).

-Captación visual en varios puntos:
La información se captura en varios puntos (varias cámaras en lugares diferentes), y se visualiza en un único punto (uno o tantos monitores como cámaras en una misma sala).

-Captación de imagen de puntos concentrados:
Se envía la información captada a varios puntos de observación diferentes.

Mantenimiento de las Instalaciones

En las viviendas y edificios, normalmente, se sigue una política de mantenimiento correctivo, excepto para algunas instalaciones donde por Ley existe la obligación de realizar inspecciones periódicas (ascensores, gas, sistemas contraincendios).

De cara a una futura automatización de nuestras instalaciones, no cabe duda de la necesidad de incluir en la lista de tareas del sistema, un control sobre el mantenimiento preventivo (y en algunos casos, predictivo) de las instalaciones (al menos, de las más críticas).

Instalaciones en nuevos edificios

Depende de los promotores inmobiliarios, y por supuesto de la demanda de los usuarios.

La introducción en los nuevos edificios es mucho más barata que en edificios ya existentes.

Una estructura domótica básica, puede encarecer únicamente entre un 1-2% de media el precio de la vivienda. Antes de iniciar la implantación de un sistema domótico, será necesario realizar un estudio previo, y un proyecto.

-Los dispositivos a instalar en un nuevo edificio son:

La pasarela residencial

Interconecta los distintos dispositivos domóticos, dando una interfaz común hacia las redes externas. Permite el control local y remoto de todo el sistema.

-El sistema de control centralizado.

Controla todos los dispositivos domóticos, según los parámetros configurados por el usuario.

-Los sensores.

Recoge la información de los parámetros a controlar (presencia de gas, agua, intrusismo, temperatura ambiente, iluminación).

-Los actuadores

Modifica el estado de ciertos equipos o instalaciones (aumento de la producción de calor o frío, cierre de la electroválvula adecuada por presunto escape de gas o agua).

Redes de una nueva instalación

Como se comentó anteriormente, se deben diseñar al menos las tres redes básicas:

- · Red de control,
- · Red de datos,
- · Red multimedia.

La tendencia debiera ser que esas tres redes se fusionaran en una sola red, con protocolo TCP/IP, lo cual, abarataría aún más la preinstalación. La decisión de aplicar la domótica depende únicamente del usuario o del dueño del edificio.

Es más cara por:

No se aprovechan las compras al por mayor de dispositivos, que sí podría hacer el promotor.

Mayor dificultad de integrar los dispositivos con el resto de instalaciones existentes.

Las redes de interconexión deben ser tendidas sobre la infraestructura existente del edificio (inadecuada).

El usuario no suele contar con experiencia en domótica, y debe contar con los servicios de expertos (más dinero).

Instalaciones en edificios existentes

La decisión de aplicar la domótica depende únicamente del usuario o del dueño del edificio.

Es más cara por:

No se aprovechan las compras al por mayor de dispositivos, que sí podría hacer el promotor.

Mayor dificultad de integrar los dispositivos con el resto de instalaciones existentes.

Las redes de interconexión deben ser tendidas sobre la infraestructura existente del edificio (inadecuada).

El usuario no suele contar con experiencia en domótica, y debe contar con los servicios de expertos (más dinero).

Para superar esto se utilizan las siguientes alternativas:

-Transporte de señal de datos por la red eléctrica (PLCC–Power Line Carrier Communication), y al mismo tiempo, alimenta los dispositivos.

-Tecnologías inalámbricas (WiFi y Bluetooth), con su correspondiente flexibilidad, pero menor seguridad.

-Tecnologías inalámbricas (WiFi y Bluetooth), con su robustez, menor distancia entre dispositivos, menor ancho de banda de transmisión y un coste de los dispositivos mayor.

Los sensores pueden incluir baterías de larga duración, pero ¿y los actuadores? Deberán estar cerca de una toma de corriente.

Conclusiones

Hemos visto que una vivienda incorpora una serie instalaciones, que de una forma directa o indirecta generan unos gastos energéticos de funcionamiento.

Esto nos hace pensar en un sistema de control que racionalice el consumo energético de la vivienda.

Además, existe una serie de instalaciones independientes agrupadas en la ICT, que incluye TB, RTV y TLCA, dejando como opción al cableado la creación de una red de datos inalámbrica.

El hecho de conformar una red inalámbrica no nos debe hacer olvidar el hecho de que algunos dispositivos (como los actuadores) deben estar alimentados.

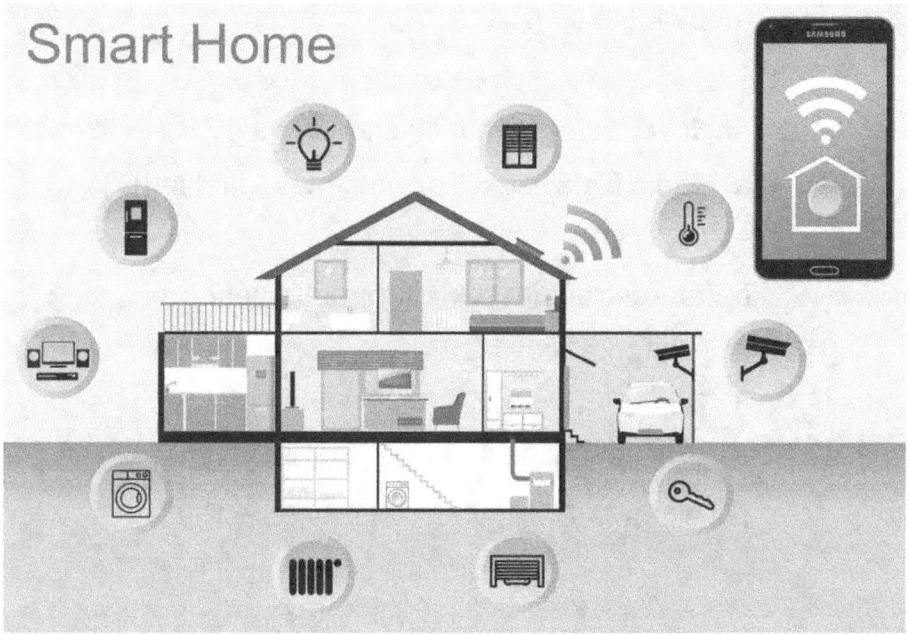

Evaluación Capítulo 2
Cuestionario

Son elementos de la ICT:

a. Recinto de Instalaciones de Telecomuni--cación Superior (RITS).

b. Recinto de Instalaciones de Telecomuni--cación Inferior (RITI).

c. Punto de Acceso al Usuario (PAU).

d. Recinto de Instalaciones de Telecomuni--cación Único (RITU).

La ICT incluye las siguientes instalaciones:

a. Radio Televisión Terrenal más satélite (RTV + SAT).

b. Infraestructura para control domótico.

c. Telefonía móvil GSM.

d. Telefonía móvil GPRS.

e. Telecomunicaciones por Cable (TLCA).

f. Telefonía Básica más RDSI (TB + RDSI).

La corriente eléctrica suele llegar a las viviendas y edificios en forma:

  a. Trifásica

  b. Multifrecuencia

  c. Polifrecuencia

  d. Monofásica

  e. Bifásica

Referente a gases para uso doméstico y derivados de éstos, marcar las afirmaciones correctas:

  a. El monóxido de carbono (CO) es un gas muy peligroso, resultante de la falta de oxígeno.

  b. En los garajes públicos, como de la combustión de los coches solo se produce CO_2 (dióxido de carbono).

  c. Hay que asegurarse de que el sensor escogido detectará el gas que queremos controlar.

  d. El gas natural se acumula en zonas altas. Su sensor para detección deberá estar lo más próximo.

  e. El butano tiende a acumularse en las zonas más bajas.

f. Todos los sensores para gases los colocaremos juntos para facilitar su conexión con la centralita.

Referidas a instalaciones con colectores solares, marcar las afirmaciones correctas:

a. Si la localidad donde se instala tiene riesgo de heladas, se pueden utilizar equipos compactos.

b. En las zonas cálidas, sin riesgo de helada, son ventajosos los sistemas de doble circuito.

c. Si la localidad donde se instala tiene riesgo de heladas, obliga a separar dos circuitos, incluyen.

d. Si hay doble circuito, se necesitan bombas de circulación. Esto obliga a monitorizar las temperaturas.

e. En las zonas cálidas, sin riesgo de helada, son ventajosos los equipos compactos.

Marca aquellas que sean correctas:

a. El contador indica la cantidad de energía consumida en KWh.

b. El ICP es un interruptor que corta el suministro eléctrico si sobrepasamos el nivel contratado.

c. Los PIA no son otra cosa que interruptores automáticos, que abren la corriente si hay un cortocircuito.

d. El diferencial protege a las personas de posibles descargas accidentales.

Marcar aquellos dispositivos que pueden ser detectores de robo:

    a. Barrera fotoeléctrica

    b. Radar ultrasónico

    c. Captores infrasónicos

    d. Radar de microondas

    e. Captores infrarrojos

    f. Termovelocímetro

    g. Captores microfónicos

    h. Detector iónico

    i. Contacto magnético

Las instalaciones fotovoltaicas pueden ser:

    a. Aisladas.

    b. Sin circulación forzada.

c. Doble circuito, con anticongelante en el circuito del colector.

d. Con circulación forzada.

e. Conectadas a red.

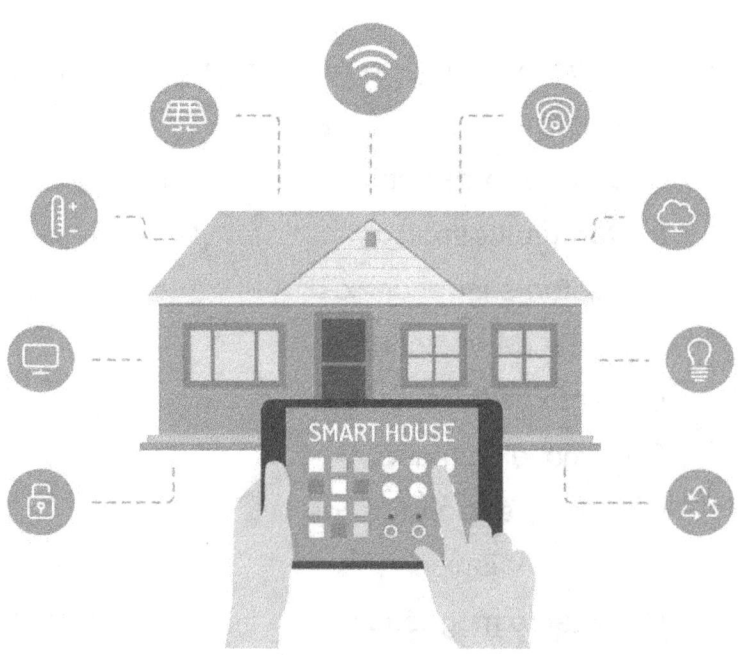

Capítulo 3
Tecnologías domóticas

Red de Datos

Introducción

En el tema anterior se analizaron las instalaciones que podemos encontrarnos en una vivienda, y en el tema actual, se estudiarán de que medios (tecnologías) podemos disponer para automatizar dichas instalaciones; es decir, tomar información y edificio. En un tema posterior, se integrarán dichas instalaciones con las tecnologías disponibles con el fin de domotizar la vivienda o edificio objetivo.

Anteriormente, las redes de datos en las HAN eran puramente centralizadas (todos los periféricos conectados a un único PC).

Se dispone actualmente de distintos tipos de redes:

-LAN (Local Area Network): red de área local. Ej. Ethernet.

-WLAN (Wireless Local Area Network): red de área local inalámbrica. Ej. Wi-Fi.

-PAN (Personal Area Network): red de área personal. Ej. USB.

-WPAN (Wireless Personal Area Network): red de área personal inalámbrica. Ej. Bluetooth.

Las prestaciones:

Según la distancia, LAN alcanza mayores distancias, seguida de la WLAN.

Según el ancho de banda, las mejores prestaciones las PAN.

Tecnologías de cableado: atendiendo a la necesidad de instalar nuevos cables o no, o usar un enlace radioeléctrico se pueden clasificar en 3 categorías:

-Cables nuevos:

Obligan a crear una infraestructura cableada.

-Ethernet, USB y FireWire.

Coste de instalación alto y baja flexibilidad.

Menor inversión de equipamiento y accesorios.

-Sin nuevos cables:

Utilizan la infraestructura actual de la vivienda.

HomePNA, utiliza el par de hilos telefónico (proporciona un punto de datos donde exista una toma telefónica).

HomePlug, utiliza la red eléctrica de baja tensión de la vivienda para que cada enchufe sea, potencialmente, una toma de red de datos.

Tecnologías de cableado

-Inalámbricas o vía radio:

Bluetooth, HomeRF y las versiones del estándar IEEE 802.11 (el 802.11b conocido como Wi-Fi).

IEEE 802.11 proporciona movilidad, a un ancho de banda proporcional al coste de la instalación. Amplia utilización en proporcional al coste de la instalación. Amplia utilización en oficinas, hoteles, aeropuertos.

HomeRF está enfocado para la transmisión inalámbrica de voz y datos dentro de la vivienda.

En general, permiten una gran disponibilidad en cualquier parte de la vivienda, pero con mayor equipamiento, del orden de 10 veces menor ancho de banda respecto a Ethernet, USB.

Para redes inalámbricas personales, Bluetooth e IrDA son ideales por precio y prestaciones (mandos a distancia, manos libres, intercambio de datos entre PDA y PC, auriculares inalámbricos equipo Hi-Fi.

USB (Universal Serial Bus)

Bus de expansión externo, permite instalar periféricos simplemente conectando el dispositivo al bus (sin abrir el equipo).

Permite conexión en caliente, sin reiniciar el sistema.

Permite conexión en caliente, sin reiniciar el sistema. El estándar permite conectar hasta 127 dispositivos partiendo desde un solo conector, con una velocidad inicial de 12 Mbps (Versión 1.0).

Con sólo dos cables consigue velocidades mayores que el puerto serie RS-232 y el puerto paralelo, con mayor número de dispositivos.

USB

Versiones:

USB 1.0

• 12 Mbps

USB 2.0

• 480 Mbps buenas prestaciones.

Máximo de la conexión: 5 metros.

Un concentrador USB nos proporciona varias bocas USB.

Distribuye datos y energía por el mismo cable de 4 hilos de cobre (1 par de hilos para alimentación 5 Vdc, otro par para datos).

Topología árbol, rama, con funcionamiento simultáneo de 127 dispositivos.

El controlador anfitrión o host (generalmente el PC) controla todo el tráfico del bus.

No es un bus de almacenamiento y envío, de forma que no se produce retardo en el envío de paquetes.

Cada puerto utiliza una sola interrupción o IRQ (Interrupt Request Line) independiente de los periféricos que tenga conectados y, por lo tanto, no hay riesgo de conflictos entre una cantidad de dispositivos que de otra no se podrían conectar por falta de recursos.

Ventajas

- Conexión sencilla.
- Prácticamente, no se registran errores de conexión ni instalación.
- Plug and Play.
- No es necesario apagar y encender. El SO reconoce el dispositivo e instala los drivers apropiados.
- Conexión / desconexión en caliente.
- Mayor rendimiento
- Alta velocidad de transferencia comparada con sus antecesores.
- Soporte multiplataforma
- Tanto para PC como para MAC.

- Múltiples dispositivos conectados de manera simultánea.
- Alimentación de los dispositivos por el propio cable.

Desventajas

- El ancho de banda se reparte entre los dispositivos.
- No es problema, si conectamos un teclado y un
- ratón.
- Si es problema si conectamos varias impresoras, e
- intentamos imprimir en ellas a la vez.

FireWire (IEEE 1394)

Es uno de los estándares de conexión de periféricos más rápidos que se han desarrollado (fundamental en multimedia).

Máximo de 63 dispositivos conectados.

Velocidades de 100, 200, 400 y 800 Mbps.

Nuevas versiones admitirán hasta 2 Gbps.

Alimentación por el bus.

Mientras que el USB 2.0 permite la alimentación de dispositivos sencillos que consumen máximo de 2,5 W (ratón), los dispositivos FireWire pueden proporcionar hasta 45 W (suficiente para discos duros).

Comparativa entre FireWire y USB

	FireWire	**USB**
Número máximo de dispositivos	63	127
Longitud máxima del cable entre dispositivos	4,5 metros	5 metros
Consumo máximo por dispositivo a través del bus	1,5 A con 30 Vdc (45 W)	0,5 A con 5 Vdc (2,5 W)
Velocidad de transferencia de datos	400 Mbps (IEEE 1394) 800 Mbps (IEEE 139b)	1,5 y 12 Mbps (v 1.1) 480 Mbps (v 2.0)

Ethernet

Es la tecnología más extendida para la implantación de redes empresariales y residenciales.

Basados en Fast Ethernet: 100 Mbps.

Concepto de 'Cableado Estructurado', haciendo uso de cable UTP (más barato).

Ubicación de toma Ethernet 10Base-T en todas las dependencias de la vivienda.

10 / 100 Mbps a precio razonable y mucha más seguro que las tecnologías inalámbricas.

HomePlug

Es una tecnología que permite implementar redes locales usando la instalación eléctrica de baja tensión evitando la

instalación de nuevos cables.

Velocidad (versión 1) 14 Mbps.

Permite la conexión a Internet desde cualquier enchufe de la vivienda.

Su competidor directo es Wi-Fi, con similares prestaciones, que puede resultar más barato debido a la complejidad de los chips PLC para evitar ruido e interferencias eléctricas que encarece los dispositivos con tecnología HomePlug.

Bluetooth

Es un enlace de radio de corto alcance (hasta 10 metros).

Su objetivo es crear una red de bajo coste que permita conectar entre sí equipos informáticos y de comunicación portátil y móvil, como impresoras, PDA, ratones, teléfonos portátil y móvil, como impresoras, PDA, ratones, teléfonos móviles, y otra electrónica de consumo.

Inicialmente, se trataba de sustituir el interfaz serie RS-232 y al paralelo Centronics, incluso al interfaz de infrarrojos.

Evita el uso de cables.

Aumenta la velocidad de transferencia.

Aporta movilidad al equipo (hasta 10 metros sin complementos como amplificadores y antenas direccionales).

WLAN

Una red local inalámbrica es un sistema de comunicaciones de datos flexible, utilizando ondas electromagnéticas para enlazar los equipos conectados en red, en lugar del cableado convencional (par trenzado, coaxial, fibra óptica).

El estándar se recoge en la IEEE 802.11, donde se definen el nivel físico y el subnivel de acceso al medio (según estructura OSI).

Wi-Fi (Wireless Fidelity)

Nombre comercial para IEEE 802.11b, que se extiende al resto de estándares 802.11x.

Configuraciones de Wi-Fi (WLAN): P2P (peer to peer): conocidas como 'ad hoc', consiste en dispositivos con su adaptador inalámbrico, conectándose directamente. Máximo entre 5 y 6 dispositivos (a mayor dispositivos más colisiones).

Punto de Acceso (access point): utiliza el concepto de celda de telefonía móvil. Aumenta el número de celdas, aumentando el número de puntos de acceso, que funcionan como repetidores.

Infrarrojos

Limitada técnicamente y con escasa fiabilidad para redes de datos, sin embargo, es ampliamente utilizada en mandos a distancia para control remoto de equipos de audio, vídeo, aire acondicionado.

Se utilizan transceptores (microchips que realizan la tarea de transmisión y recepción).

Necesita de un software especial de sincronización de la comunicación.

La radiación infrarroja no sufre interferencias electromagnéticas, pero sí pueden afectar éstas a los dos extremos del medio (conversión IR/eléctrica).

Conclusiones

El edificio inteligente no solo debe constar de una red de control (tradicionalmente denominada domótica) sino que debe incorporar dos redes más: datos y multimedia.

Estas tres redes, tenderán a una unificación (simplificación de la instalación), que abarate costes de instalación y mantenimiento.

Las tecnologías para las tres redes tienden a dispositivos Plug & Play, como medio para expandirse por el mercado doméstico.

Redes de Control

Se utiliza para aplicaciones de automatización y control en el edificio inteligente, independiente de la red de datos y multimedia.

Maneja sensores y actuadores, con bajos requisitos de ancho de banda (intercambio de comandos de forma discontinua).

Actualmente, esta red integra los electrodomésticos inteligentes.

La red de control puede estar centralizada (las redes de datos y multimedia son distribuidas). Esto permite reducir la complejidad de sensores y actuadores, pero a su vez reduce la robustez del sistema (caída del sistema de control).

También podemos encontrar redes de control distribuidas.

Los medios físicos son:

Par trenzado, cable coaxial, fibra óptica, red eléctrica, infrarrojos, radiofrecuencia, etc.

Es importante que un mismo protocolo pueda soportar varios medios físicos, con el fin de adaptarse de forma más varios medios físicos, con el fin de adaptarse de forma más flexible a la topología del edificio.

Las tecnologías abiertas y flexibles son las que actualmente se están imponiendo en el mercado.

Aquellas que abarcan un mercado concreto tienen menos posibilidades de sobrevivir.

La mayoría de estos protocolos implementan, según el modelo OSI:

· Nivel físico.

· Nivel enlace.

· Nivel red.

Nivel aplicación: Define una serie de comandos y respuestas posibles a dichos comandos, que son los que permiten realizar las funciones de control y supervisión.

Estos protocolos están diseñados para ser embebidos al mínimo coste: Maximizar espacio útil de los datos por trama, minimizar los campos de control (direcciones, CRC).

Permite reducir requisitos de memoria y velocidad de micros, aprovecha al máximo el ancho de banda disponible.

X-10

256 dispositivos (identificación por código domiciliario + código numérico).

6 funciones básicas:

- · Encendido,
- · Apagado,
- · Reducir,
- · Aumentar,
- · Todo encendido,
- · Todo apagado.

KNX

Agrupa a tres asociaciones europeas (EIBA, BCI y EHSA) con el objetivo de concentrar toda la experiencia y conocimiento de los principales estándares europeos en un único estándar común, abierto y con dispositivos a precios suficientemente competitivos.

Se trata de crear un estándar común a partir de EIB, EHS y BatiBUS, capaz de competir con los sistemas americanos LonWorks o CEBus.

El estándar KNX contempla 3 modos de configuración

-Modo-S (modo sistema): funciona como el EIB actual, esto es, los diversos dispositivos o nodos de la nueva instalación son instalados y configurados por profesionales con una aplicación software específica para PC.

-Modo-E (modo fácil o easy): los dispositivos son programados en fábrica para realizar una función concreta.

Posteriormente, algunos detalles se deben configurar durante la instalación (mediante microinterruptores).

-Modo-A (modo automático): filosofía Plug & Play, ni el instalador ni el usuario final tienen que configurar el dispositivo.

Este está especialmente indicado para el empleo de electrodomésticos y equipos de entretenimiento.

EIB (European Installation Bus)

Desarrollado para contrarrestar las importaciones de productos domóticos desde el mercado japonés y norteamericano.

Promovido por la EIBA (EIB Association).

Protocolo de bus abierto.

Define los niveles OSI: 1, 2, 3, 4 y 7.

Además de sensores y actuadores, existen electrodomésticos que son conectables vía EIB, programados y ajustados remotamente a través de una pasarela residencial.

También permite la supervisión y monitorización de todos los dispositivos conectados.

EIB.TP (par trenzado):

Se comunican todos los dispositivos a 9.600 bps.

La alimentación de 24 Vdc se suministra a los componentes del bus a través de los propios hilos conductores de éste.

Cada dispositivo utiliza dos direcciones de 16 bits (una física y otra lógica), excluyentes entre sí.

La dirección física se utiliza durante la instalación, para darse de alta en el sistema, con los siguientes campos:

4 bits de zona + 4 bits de línea + 8 bits de dispositivo.

La dirección lógica (16 bits) es con la que el dispositivo trabajará realmente, de forma que se puede repetir en distintos dispositivos para formar grupos desde el punto de vista funcional (luces de ambiente).

La topología es matricial, es decir, conectamos los dispositivos en líneas de hasta 1.000 m, con un máximo de 255 dispositivos en esa línea (mediante un acoplador de bus). Las líneas se pueden unir máximo de 255 dispositivos en esa línea (mediante acopladores de línea, que, con un máximo de 16 líneas, forman una zona. Las zonas se pueden conectar entre sí (máximo 16 zonas) mediante un acoplador a la red troncal (nombre del cable general de conexión de zonas).

EIB es un control descentralizado; sensores y actuadores conectados al mismo bus, se comunican entre ellos sin necesidad de unidad central de control, tomando los actuadores las decisiones programadas según los datos aportados por los sensores. Precisan de un microcontrolador.

De todas formas, por razones de reducción de tamaño y costes de los sensores y actuadores, los distintos fabricantes de sistemas EIB consideran un elemento de control central que integre la mayor parte de la inteligencia.

La red del EIB se estructura de forma jerárquica. La unidad más pequeña se denomina línea, a la cual se pueden conectar hasta un máximo de 64 dispositivos.

La topología de la línea es libre, siempre y cuando respete:

- Que haya al menos una fuente de alimentación.
- Que la longitud total no supere los 1000 m.
- Que la distancia máxima entre la fuente de alimentación y un dispositivo sea menor de 350 m.
- dispositivo sea menor de 350 m.
- Que la distancia máxima entre dispositivos no supere los 750 m.
- Que mínima distancia entre dos fuentes de alimentación dentro de una misma línea sea mayor de 200 m.

·

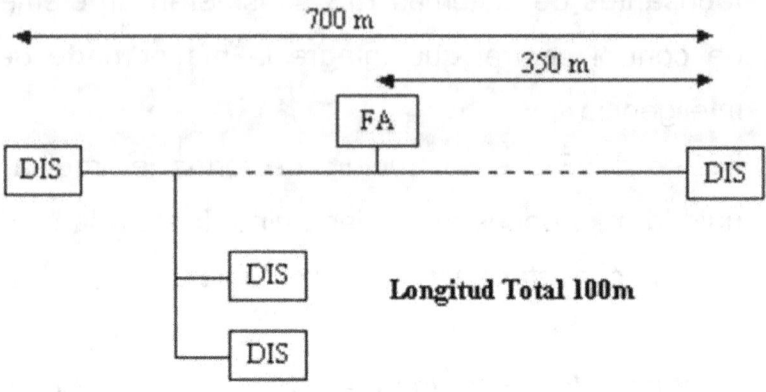

Las líneas se agrupan en áreas. El área se compone de una línea principal del cual cuelgan hasta 15 líneas secundarias.

Por tanto, un área podrá tener como máximo 960 dispositivos.

Cada una de las líneas secundarias se conecta con la línea principal mediante un dispositivo llamado acoplador de línea. La línea principal deberá tener su propia fuente de alimentación.

La línea principal deberá tener su propia fuente de alimentación.

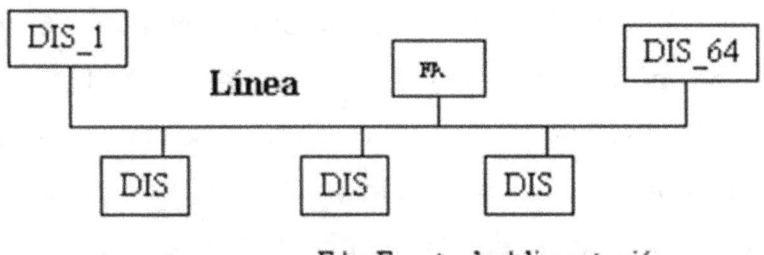

FA=Fuente de Alimentación
DIS=Dispositivo

A su vez se puede disponer de hasta 15 áreas unidas mediante una línea principal denominada backbone. Como máximo se podrán conseguir hasta 14.400 dispositivos. Las áreas se conectan al backbone mediante acopladores.

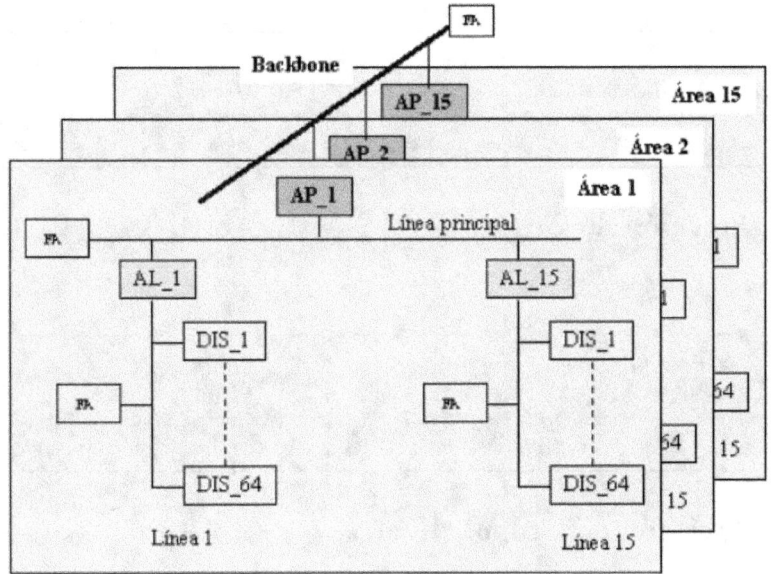

FA = Fuente de Alimentación
A L= Acoplador de línea
AP = Acoplador de Principal(backbone)

Cada dispositivo tiene una dirección física de 16 bits asociada que le identifica unívocamente. La dirección de un dispositivo dirección de un dispositivo además define la localización de éste en la red.

Cada dirección se divide en área, línea dentro del área, y número de dispositivo.

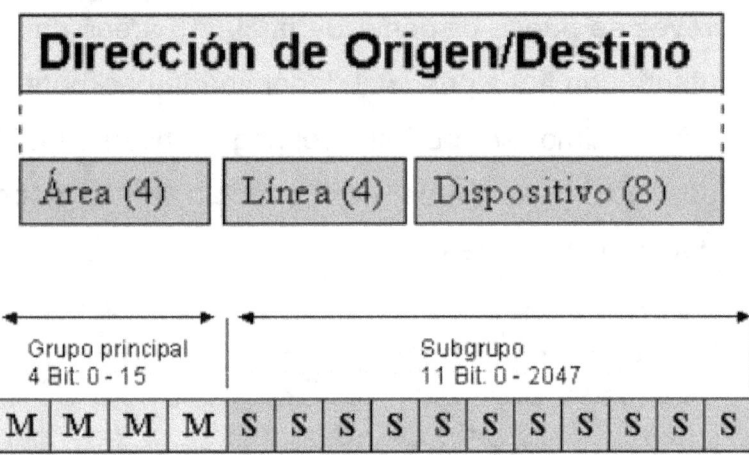

Dirección de Grupo: Nivel 2

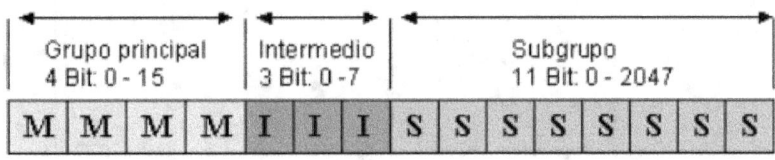

Dirección de Grupo: Nivel 3

El intercambio de información entre dos dispositivos se consigue mediante el envío de telegramas. Un telegrama se compone de un paquete de datos estructurado que el emisor envía, y del correspondiente acuso de recibo con el que el receptor responde si no ha ocurrido ningún fallo. Cada paquete datos se divide en los siguientes campos:

· Control. (8 bits).

· Dirección del emisor. (16 bits).

· Dirección del destinatario. (16 bit +1 bit).

· Contador (3 bits).

· Longitud. (4 bits).

· LSDU (Link Service Data Unit): que es la información a ser transmitida (hasta 16x8 bits)

· Byte de comprobación. (8 bits).

·

Control	Dirección emisor	Dirección destinatario	Contador	Longitud	Datos	CRC
8 bits	16 bits	16+1 bits	3	4	Hasta 16*8 bits	8 bits

La fuente de alimentación del bus incorpora un filtro. Cada línea necesita de una fuente de alimentación. Estas fuentes de alimentación son resistentes a cortocircuitos.

Cada componente se conecta al bus por medio de un acoplador de bus, el cual permite que tome la energía Cada componente se conecta al bus por medio de un necesaria para el módulo, y a través de un transformador, transmite los datos.

Cada dispositivo que se conecta al bus se puede dividir en tres partes

- Unidad de acoplamiento al bus (BCU - Bus Coupling Unit).
- Módulo de la aplicación (AM - Application Module).
- Programa de la aplicación (AP - Application Program).

EIB también está disponible para otros medios físicos

- EIB.PL: corrientes portadoras.
- EIB.net: Ethernet a 10 Mbps
- EIB.RF: radiofrecuencia.
- EIB.IR: infrarrojos.

BatiBUS

Antiguo protocolo francés (Merlin Gerin Schneider Electric) para control industrial.

Sencillo de instalar, bajo coste y capacidad de evolución, asumiendo nuevas funciones de control.

Protocolo totalmente abierto.

Consiste en un único bus de par trenzado, en configuración estrella, bus, anillo o árbol, con una distancia entre la central y el dispositivo más alejado de hasta 2,5 km.

Velocidad binaria de 4.800 bps, codificando un '1' cerrando el circuito, y el '0' abriéndolo.

La alimentación, a 15 Vdc, la suministra por el propio cable del bus.

EHS (European Home System)

El objetivo es satisfacer las necesidades de automatización de la mayoría de las viviendas europeas cuyos propietarios no se pueden permitir el lujo de usar sistemas más potentes, pero también más caros (como LonWorks, EIB o BatiBUS) debido a la mano de obra especializada que exige su instalación. Viene a cubrir, por prestaciones, la parcela del CEBus norteamericano, y rebasa las prestaciones del X-10.

Además, se trata de un protocolo abierto.

Las primeras implementaciones utilizaban corrientes portadoras (red eléctrica), con velocidades hasta 2.400 bps.

Actualmente, utiliza además otros medios como:

· Par trenzado a 4.800 bps

· Coaxial a 9.600 bps

· Infrarrojos a 1.200 bps

· Radiofrecuencia a 1.100 bps

· Utiliza CSMA/CD, como Ethernet.

· Los dispositivos se asocian en segmentos (máximo de 256 nodos por segmento).

· Plug & Play, facilita movilidad y la ampliación del sistema.

Desarrollado por la EIA (Electronics Industry Association)

Su objetivo: crear un bus domótico específico para el hogar.

Bajo coste.

Simplicidad de instalación y uso.

Con más funciones que X-10, por lo que se puede aplicar en control remoto, gestión de energía, sistemas de seguridad.

CEBus

Desventajas:

- · Pocos dispositivos, y muy caros.
- · Pueden encontrarse dispositivos para 230v, 50 Hz (recordar que en EE.UU. 60 Hz), pero el nivel físico OSI de CEBus no cumple con la norma europea relativa a transmisión de señal por las líneas eléctricas de baja tensión.

Con tecnología CEBus se están desarrollando productos Plug & Play, dando lugar al denominado CEBus Home Plug & Play.

Nivel físico: Corrientes portadoras, radiofrecuencia, infrarrojos, par trenzado, coaxial, fibra óptica.

En el caso de transmitir por corrientes portadoras, utiliza modulación en frecuencia con 'espectro ensanchado' (spread spectrum).

Consiste en:

El bit '1' se codifica comenzando la transmisión a 100 kHz, e incrementándose linealmente hasta los 400 kHz durante 100 µs.

El bit '0' se codifica considerando que este cambio de frecuencia se produce en 200 µs.

El Neuron Chip dispone de un puerto de 5 pines como interfaz con el transceptor de línea adecuado (adapta la interfaz con el transceptor de línea adecuado (adapta las señales del Neuron Chip a los niveles que necesita cada medio físico).

Frente al CEBus, presenta las siguientes ventajas:

- Transmite en banda estrecha (frente a espectro ensanchado). La comunicación es más robusta y cumple la norma europea de CENELEC para corrientes portadoras.
- Permite la detección y corrección de errores hacia delante (FEC). CEBus tan sólo podía detectar errores por medio de CRC (Código de Redundancia Cíclica), lo cual obliga al reenvío.
- Los sensores y actuadores disponen de inteligencia propia e intercambian información directamente unos con otros.
- No es necesario un controlador central.
- Mínimo cableado y facilidad de expansión.
- Todo Nodo está físicamente conectado a un canal.
- Todo Nodo está físicamente conectado a un canal.

- Un dominio es una colección lógica de nodos que pertenecen a uno o más canales. Las comunicaciones solo se pueden dar entre nodos de un mismo dominio.
- Una subred es una agrupación lógica de hasta un máximo de 127 nodos dentro de un dominio.
- Puede haber hasta 255 subredes dentro de un único dominio.

Un grupo es una agrupación de nodos dentro de un dominio. A diferencia de la subred, se agrupan sin tener en cuenta su situación lógica dentro del dominio.

Número máximo de nodos por dominio: 32.385 nodos.

Para construir una red LON se utilizan rúters, bridges y repetidores.

Rúters: conectan dos subredes.

Bridges: conectan dos dominios.

Repetidores: amplificadores físicos. Largas distancias.

Módulos terminadores de red.

Cada módulo de terminación de red, se puede configurar de dos formas: libre o bus.

En configuración de bus, se coloca uno en cada extremo.

En topología libre, es necesario un único módulo en cualquier punto de la línea.

Conexión de una electroválvula de gas

Es una válvula de seguridad de rearme manual, normalmente abierta.

En reposo el resorte actúa sobre un obturador manteniendo abierto el paso de gas.

Alimentando la bobina, la válvula se cierra.

Una vez cerrada, la válvula está diseñada para mantener esta posición tanto en presencia como en ausencia de corriente.

Redes Multimedia

Es aquella a la que se conectan los equipos de línea marrón, es decir, televisores, vídeos, radios, cámaras y videocámaras.

Introducción digital, relojes, despertadores).

Se utiliza para la distribución de información, con requisitos muy estrictos en cuanto a volumen de información, calidad y muy estrictos en cuanto a volumen de información, calidad y retardo de transferencia se refiere.

Los dispositivos de sonido y vídeo requieren un mayor ancho de banda que el resto de dispositivos de la vivienda.

Aplicaciones soportadas por esta red:
- · Videojuegos en red,
- · Difusión de señal de TV de pago,
- · Envío de señal de video desde vídeoportero a la TV,
- · Envío de fotos digitales desde la cámara a la TV o al PC.

Introducción

Los dispositivos de la red multimedia tienen funcionalidades y capacidad de procesamiento muy dispares. Esto obliga a utilizar protocolos que permita la abstracción de los detalles de configuración a los usuarios.

La arquitectura física y lógica de esta red es totalmente distribuida. Todos los elementos pueden comunicarse. La arquitectura física y lógica de esta red es totalmente directamente con el resto, en principio, sin necesidad de dispositivos intermedios (pasarelas).

Las arquitecturas más relevantes actualmente son:

· HAVi

· UPnP

· Jini

Estas arquitecturas disponen de mecanismos para convivir con las otras soluciones.

HAVi (Home Audio Video interoperability)

Arquitectura software distribuida que especifica un conjunto de API diseñados para la interconexión directa de los aparatos de consumo de vídeo y audio digital de diferentes tipos y proveedores.

Así, si cumplen la especificación HAVi, interoperarán entre sí aun siendo de diferentes fabricantes.

Se pretende que la conexión, configuración y puesta a punto de los dispositivos HAVi conectados, sea sencilla y rápida.

Recordamos: IEEE 1394 tiene ancho de banda de 400 Mbps y 800 Mbps, comunicación isócrona, que permite transferencia de audio y video en tiempo real con alta calidad.

Actualmente, se están desarrollando mejoras para aumentar la distancia soportada, para expandir la red por distintas la distancia soportada, para expandir la red por distintas habitaciones del hogar.

En HAVi no existe ningún dispositivo controlador. Cualquiera puede controlar y ser controlado por el resto.

Es una arquitectura abierta, independiente de la plataforma y del lenguaje de programación.

HAVi proporciona los API para:

El desarrollo de dispositivos interoperativos,

Para escribir aplicaciones para dichos dispositivos basadas en Java para ser accesibles desde Internet.

Las API de HAVi son capaces de detectar automáticamente dispositivos en la red, así como coordinar las funciones entre varios dispositivos conectados a dicha red.

HAVi contempla 'bridges' entre la arquitectura HAVi y las tecnologías Jini de Sun Microsystems y UPnP de Microsoft.

HAVi contempla 'bridges' entre la arquitectura HAVi y las HAVi Organization es una asociación sin ánimo de lucro fundada en 1.998, y que integra a las principales compañías de electrónica de consumo: Grundig,

Hitachi, Panasonic, Phillips, Sharp, Sony, Thomson y
Toshiba.

Tipos de dispositivos HAVi

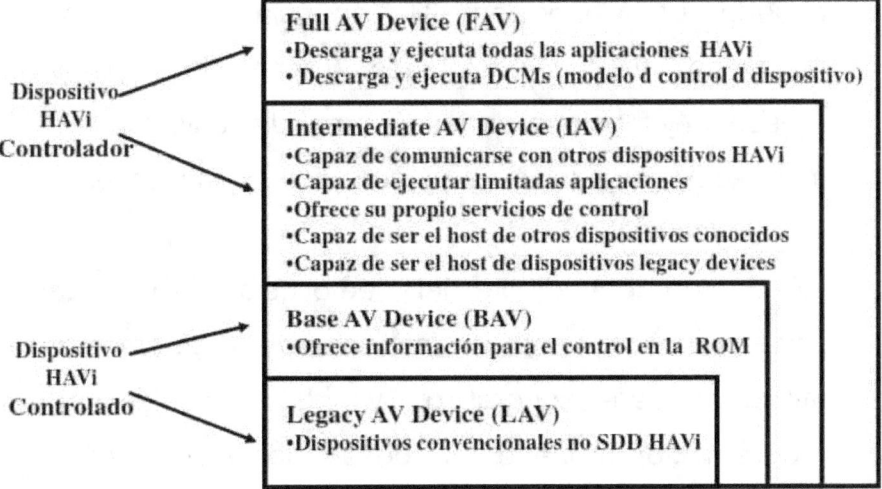

UPnP (Universal Plug and Play)

Propuesta por Microsoft para la interconexión de todo
tipo de dispositivos electrónicos (actualmente se
utiliza en Pcs y periféricos).

Es una arquitectura abierta y distribuida, basada en la
pila de protocolos TCP/IP, que facilita el control y
transferencia de protocolos TCP/IP, que facilita el
control y transferencia de datos entre dispositivos
conectados en la red, evitando que el usuario tenga

que ser un experto en la configuración de redes, dispositivos y sistemas operativos.

Cuando un dispositivo UPnP se conecta a la red, automáticamente y de forma transparente al usuario, obtiene una dirección IP, anuncia su nombre, comunica sus funcionalidades, y aprende sobre la presencia y funcionalidades de otros dispositivos.

Instalación, ampliación y ejecución de cambios en la red muy sencilla.

UPnP es independiente del medio físico, incluso del sistema operativo y del lenguaje de programación utilizado para operativo y del lenguaje de programación utilizado para desarrollar el software de control de los productos UPnP.

Se persigue lo mismo que Jini: facilitar a los usuarios o administradores de redes la configuración de la comunicación entre dispositivos.

Ejemplo: al conectar una impresora UPnP a una red de PC, la impresora proporciona los drivers necesarios para su correcta comunicación y configuración.

JINI

Arquitectura desarrollada por Sun Microsystems.

Posibilitar que los usuarios compartan servicios y recursos en la red.

Proveer a los usuarios de un fácil acceso a esos recursos desde cualquier lugar de la red, incluso aunque éstos cambien de lugar

Objetivos:

(flexibilidad).

Simplificar lo más posible las tareas de implementación, mantenimiento y gestión del sistema tanto de los dispositivos como de los usuarios.

Así, Jini es un sistema distribuido que forma una federación de JVM o máquinas virtuales Java.

Se pretende que los objetos que forman parte del sistema o federación Jini ofrezcan servicios que puedan ser utilizados por cualquier usuario/objeto que se conecte a él.

Los servicios pueden ser tanto acciones realizadas por dispositivos (hardware), programas de software o distintas combinaciones de ambas.

El núcleo de Jini sólo tiene 40 KB de código.

Jini soporta cualquier tipo de medio físico: IEEE 1394,

Bluetooth, IrDA, Ethernet, independiente del sistema operativo y del equipo físico soportado.

Los Servicios son la entidad que le dan sentido al sistema distribuido: dispositivos, datos, almacenaje, filtros, cálculos, distribuido: dispositivos, datos, almacenaje, filtros, cálculos, todo aquello que pueda ser útil para un usuario u otros servicios.

Jini provee mecanismos para crear, buscar, comunicar y utilizar los servicios de la red o comunidad.

Esos servicios se comunican entre sí utilizando un protocolo de servicios, un conjunto de interfaces en Java.

Servicios

-Servicio Lookup: identifica los servicios disponibles en una comunidad Jini. Al arrancar, rastrea el entorno y consigue el conjunto de objetos que proveen los servicios existentes (recursos disponibles).

Un nuevo servicio se une al servicio Lookup mediante los protocolos discovery y join.

El servicio que se quiere enganchar al sistema busca el servicio Lookup mediante el protocolo discovery, y una vez encuentra el Lookup apropiado, se une a él con el join.

-RMI (Remote Method Invocation): permite a un objeto Java ser invocado desde otro objeto o clase remota, lo cual permite compartir objetos Java en la red. En RMI se define la interfaz que se desea invocar remotamente. Luego se implementa en una clase, que se registra en el lado del implementa en una clase, que se registra en el lado del servidor.

-Seguridad: se basa en un principal y una lista de control. Se accede por el principal, y según los permisos dados, accede a esos servicios.

-Leasing: asigna un tiempo concreto de utilización de un servicio (se negocia entre cliente/servidor como parte del servicio (se negocia entre cliente/servidor como parte del protocolo). Una vez expirado puede ser renovado o no.

-Transacciones: son interfaces de Jini que nos ofrecen un protocolo para coordinar las operaciones entre dos o varios servicios.

-Eventos: soporta eventos distribuidos. Es capaz de responder a eventos que se produzcan en el sistema (enganche de un nuevo usuario).

Por tanto, la tasa de información depende del número de '0' que se incluyan en la trama a transmitir.

Lonworks

Tecnología de control domótico propietaria (empresa Echelon).

Muy robusta y fiable, muy aceptada a nivel industrial, con un precio inadecuado para implantación doméstica.

Cada nodo LonWorks debe incorporar un microcontrolador especial: Neuron Chip.

Cada Neuron Chip tiene un identificador único: Nueron ID.

El Neuron Chip implementa el protocolo LonTalk para comunicación entre nodos.

La ventaja de LonWorks es que implementa TODAS las capas del modelo OSI. Por ejemplo, el reenvío automático tras una pérdida de trama está implementados en el Neuron Chip.

Soporta gran variedad de medios de transmisión

RS-485, cable coaxial, par trenzado, corrientes portadoras, fibra óptica, radiofrecuencia.

Formatos de compresión Multimedia

Los dispositivos conectados a la red multimedia permiten el almacenamiento de la información, en formato digital, para su posterior transmisión o tratamiento.

Tenemos así cámaras digitales, videocámaras, DVD, reproductores MP3, que almacenan la información en

Tenemos así cámaras digitales, videocámaras, DVD, diferentes formatos: DivX, JPG, GIF, MPEG, VideoCD, SVideoCD, MP3, H.261.

Estos formatos, normalmente, incluyen algún tipo de compresión para que el volumen de información sea menor de cara al almacenamiento, transmisión y recepción.

La oferta de TV y vídeo por medio de redes de cable o de acceso a Internet de banda ancha, precisa de unas técnicas de compresión eficaces para que la oferta de canales y el número de usuarios que puedan estar conectados, de forma instantánea, sea elevado.

Si el medio de transmisión es vía satélite, mediante difusión masiva (broadcasting), es muy importante el tiempo de descarga, y, por tanto, la eficiencia en el sistema de compresión.

Normalmente, se procede a eliminar la información que es menos perceptible para el espectador, garantizando un nivel de calidad adecuado; se elimina información redundante de audio y vídeo (información que enmascara a otras señales, y, por tanto, si estas últimas no se percibirán por el espectador, lo conveniente es eliminarla).

Ejemplo: una secuencia de vídeo digital con calidad similar al sistema PAL de TV, requiere 132,7 Mbps, y un DVD con capacidad de 8,5 GB sólo podría almacenar 10 minutos en este formato.

Ventajas del video digital comprimido frente al analógico:

- Reducción de costos en la distribución de vídeo.
- Mejor calidad de vídeo y mayor seguridad en la señal.
- Potencial para interactuar.

Principales estándares de compresión de audio e imágenes:

- JPEG (Joint Photographic Experts Group)

Especifica estándares para la codificación de imágenes fijas, pero también se puede aplicar a vídeo pasando el algoritmo, pero también se puede aplicar a vídeo pasando el algoritmo a cada uno de los cuadros.

· (MovingJPEG).

Se pueden definir diferentes niveles de calidad, y es muy utilizado en cámaras digitales.

· MPEG (Moving Picture Experts Group)

Existen 5 estándares, cada uno para un uso específico y ancho de banda dado.

-MPEG-1: compresión de audio e imágenes en movimiento, con velocidad hasta 1,5 Mbps (CD de vídeo). El nivel 3 de MPEG-1 es el MP3, con niveles de compresión de audio entre 10 y 12 a 1. MP3 se basa en la forma de escuchar del oído, eliminando las frecuencias superiores a 20 kHz. (Reduce información sin reducir calidad).

-MPEG-2: soporta la compresión de DVD y televisión digital. Admite velocidades entre 1,5 y 15 Mbps.

-MPEG-4: Adecuado para contenidos multimedia y transmisión en canales de baja velocidad.

· DV (Digital Video)

Es un formato de vídeo de alta resolución que se emplea en las cámaras de vídeo y en grabadores de vídeo. Consigue una alta relación calidad / tamaño del fichero. La norma específica que el flujo de vídeo resultante se transfiera entre los dispositivos mediante el bus Firewire.

No es un estándar, sino un software para comprimir el vídeo digital y almacenarlo en un fichero, para que pueda ser descargado con líneas de baja velocidad.

DivX es un sistema de compresión que logra reducir notablemente el tamaño de las películas sin una pérdida aparente de calidad.

· Streaming

Los formatos vistos permiten la reproducción de un fichero de audio o vídeo una vez que se dispone de él almacenado en el dispositivo reproductor.

Inconveniente: si la descarga del fichero se prolonga en el tiempo, las esperas pueden ser importantes, además de tiempo, las esperas pueden ser importantes, además de disponer de espacio de suficiente para almacenarlo.

El 'streaming' es el soporte principal para el transporte de contenidos multimedia en tiempo real (video, audio y datos) entre el cliente y los servidores de contenidos de Internet. Es decir, que el usuario recibe un flujo continuo con mínimo retardo y que la duración de los flujos transmitidos y recibidos son los mismos.

Sistemas para la transmisión de contenidos multimedia desde servidores de Internet

-Download (descarga)

El usuario no puede utilizar el archivo hasta que éste ha sido transferido completamente. Los tiempos de transferencia dependen del tamaño del archivo y del ancho de banda. Dependen del tamaño del archivo y del ancho de banda. En este modo no importa la velocidad de conexión, desde el punto de vista de que los paquetes perdidos pueden reenviarse nuevamente, y no necesita software especial para el servidor.

-Streaming (flujo)

No es necesario que haya sido transferido el archivo completo para ser utilizado, sino que se puede empezar la reproducción mientras se está bajando.

Solamente se produce un pequeño retardo, hasta que se descargan unos pocos kB de información, y a partir de ahí se reproduce con normalidad, utilizando esos kB almacenados para regular el flujo de datos reproducidos.

Futuro e Informática

- Los productos y los sistemas domóticos se apoyan en la informática (SCADA, servidores OPC, Internet).
- Desarrollo de pasarelas entre los sistemas domóticos e Internet.
- Desarrollo de pasarelas entre los sistemas
- Integración de subsistemas en la vivienda.
- Sistemas de acceso con telefonía móvil.
- Interfaces de usuario más cómodos y flexibles.

Evaluación Capítulo 3
Cuestionario

Indicar cuales de las siguientes tecnologías pertenecen a la red de datos y permiten reutilizar el cableado existente:

a. HomePlug

b. X-10

c. Ethernet

d. FireWire

e. USB

f. HomePNA

HomePNA

a. es una tecnología americana, que tendría graves problemas con EIB.RF (radio frecuencia).

b. es una tecnología compatible con Lonworks, pero hay problemas con X10.

c. es una tecnología que presentaría problemas con VDSL.

d. es una tecnología que permite conectarse a Internet desde cualquier toma telefónica.

e. es similar a Ethernet, excepto a nivel físico.

f. es una tecnología inalámbrica.

g. es una tecnología que utiliza el cableado eléctrico de la vivienda para la red multimedia.

h. es una tecnología que utiliza el cableado eléctrico de la vivienda para transmitir datos.

En X10, un byte se envía

    a. Una vez

    b. Dos veces y media

    c. Dos veces

    d. Tres veces

    e. Una vez y media

Marcar los términos relacionados con la Red de Control

    a. HomeRF

    b. Ethernet

    c. IEEE 1394

    d. EIB

    e. CeBUS

    f. KNX

    g. HomePNA

    h. HAVi

    i. HomePlug

Respecto al direccionamiento en EIB, marcar las afirmaciones correctas

a. Cada dispositivo tiene una única dirección física, y puede tener varias de grupo.

b. La dirección de grupo tiene 24 bits. Se puede agrupar en 2 o 3 niveles.

c. Cada dispositivo tiene una única dirección física y de grupo.

d. Las direcciones de grupo son con las que trabajará el dispositivo normalmente.

e. La dirección física está formada por 2 bytes.

Respecto a UPnP, marcar las afirmaciones correctas

a. Basada en Netbios, utilizando el número IP como identificador de dispositivo.

b. Esta arquitectura UPnP es independiente del medio físico, pero requiere como sistema operativo de Microsoft posterior a Win 9.

c. Arquitectura hardware propuesta por Microsoft.

d. Arquitectura software distribuida.

e. El dispositivo al conectarse a la red, anuncia su nombre, comunica sus funcionalidades y aprende sobre la presencia y funcionalidades de otros dispositivos.

f. Arquitectura software abierta y centralizada propuesta por Microsoft.

g. UPnP (Universal Plug and Play entertaiment)

h. Arquitectura abierta.

Marcar los buses que forman parte de KNX

a. HomePlug

b. CANBus

c. LonWorks

d. X10

e. HomePNA

f. CEBus

g. BatiBUS

h. EIB

i. EHS

Marcar las afirmaciones correctas relativas a X10

a. Para encender el dispositivo C9, enviar: C 9 C 9 C ON C ON.

b. Para encender todos los dispositivos de la letra D, enviar: D (ALL ON) D (ALL ON) D (ALL ON) D (ALL ON).

c. Para apagar todas las luces de las letras B y E, enviar: B (ALL OFF) E (ALL OFF).

d. En X10 el acceso al medio es CSMA/CA.

e. Para apagar la bombilla A4, enviar: A 4 A 4 A OFF A OFF.

f. Para apagar la bombilla E24, enviar: E 24 E 24 E OFF E OFF.

g. En X10 después de la letra se incluye un bit para indicar que se trata de un dispositivo o de un comando.

h. Para apagar todos los dispositivos de C y D, enviar: C (ALL OFF) C (ALL OFF) D (ALL OFF) D (ALL OFF).

Respecto a las direcciones físicas en EIB, marcar las afirmaciones correctas

a. El acoplador de zona 2 será 2.0.0.

b. Los 8 bits correspondientes al componente, permite direccionar 255 dispositivos.

c. Los 8 bits correspondientes al componente, permite direccionar 256 dispositivos.

d. El acoplador de zona 2 será 2.1.1.

e. El acoplador de línea de la zona 5 línea 2 es 5.2.0.

f. El acoplador de línea de la zona 5 línea 2 es 5.2.1.

g. Como se utilizan 4 bits para identificar la línea, podremos direccionar hasta 16 líneas.

Capítulo 4

Redes de acceso remoto al edificio inteligente Pasarelas residenciales

Introducción

La conexión con el exterior de las redes interiores del edificio inteligente, se realizará a través de un dispositivo específico capaz de adaptar los protocolos y características de las redes interiores con la red exterior. Este dispositivo es la Pasarela Residencial.

Dicha pasarela se conectará con redes exteriores de distinto operador y diferente tecnología (RTC, RDSI, xDSL, Cable, PLC), aportando cada una de ellas unas características determinadas que en alguna medida pueden o no influir en las prestaciones del edificio inteligente. Para que los usuarios puedan controlar remotamente el edificio o vivienda inteligente, es necesario que esté conectado a las redes públicas de telecomunicación. Es necesario un dispositivo (pasarela) que haga de interfaz entre las redes internas el edificio y las redes públicas de telecomunicación.

Dicha pasarela, en el caso de viviendas, se llama pasarela residencial.

El tipo de conexión de dicha pasarela con el exterior puede ser de diferentes tecnologías.

- RTC o RTB
- xDSL
- RDSI
- Cable
- LMDS
- Fibra
- PLC
- Satélite.

RTC (Red Telefónica Conmutada)

La red telefónica es, después de la red eléctrica, una de las mayores redes extendidas.

La red telefónica conmutada (RTC) o red telefónica básica (RTB) ha ido evolucionando desde sus orígenes analógicos (RTB) ha ido evolucionando desde sus orígenes analógicos hasta la digitalización de la red, excepto el bucle de abonado.

Ancho de banda de la RTC es 3.1 kHz (de 300 Hz a 3.400Hz). Actualmente, muchos sistemas comerciales utilizan (o prevén el uso) de la RTC como medio para el control remoto de la vivienda o edificio, a través de un módem analógico de 56kbps.

RDSI (Red Digital de Servicios Integrados)

Facilita las conexiones digitales extremo a extremo entre los terminales conectados a ella, proporcionando una amplia gama de servicios, tanto de voz como de datos, siendo necesarios una serie de interfaces normalizadas.

Tipos de acceso

RDSI-BE (Banda Estrecha: menor de 2 Mbps)

-Acceso Básico: 2 canales B (64 kbps para habla digitalizada, datos digitales, etc.) + 1 canal D (16 kbps para señalización)

-Acceso Primario: 30 canales B (64 kbps) + 1 canal D (64 kbps para señalización).

RDSI-BA (Banda Ancha) – (en desarrollo)

Video bajo demanda en tiempo real, interconexión de redes de área local).

Situación Actual de la RDSI

La utilizan principalmente empresas, no siendo utilizado, prácticamente, por los usuarios residenciales. Para acceder a Internet desde un PC, se debe colocar un módem RDSI en vez de un módem analógico. El acceso será pues de 64 o 128 kbps, según utilice uno o dos canales B. El coste de las llamadas es similar al RTC, tanto para voz como coste de las llamadas es similar al RTC, tanto para voz como datos. Sin embargo, la calidad de las llamadas de voz es digital, además de disponer de servicios suplementarios (grupo cerrado de usuarios, identificación de número entrante).

En comunicaciones de datos, mayor velocidad y seguridad (ahorro de dinero al enviar más información en menor tiempo).

Problema: ADSL lo ha desplazado totalmente en el mercado residencial. El mantenimiento de la línea es más caro, y su velocidad máxima es 128 kbps.

xDSL

El bucle de abonado de la RTC presenta limitaciones de ancho de banda, ya que su diseño se optimizaba a un canal analógico de 4 kHz, suficiente para una conversación. Con ayuda de los modem analógicos (56 kbps) y RDSI (128 kbps), se consigue aumentar el ancho de banda en el bucle kbps), se consigue aumentar el ancho de banda en el bucle de abonado.

xDSL convierte los pares de cobre de las líneas analógicas convencionales en digitales de alta velocidad. Los requisitos son mínimos en cuanto a calidad y distancia se refieren.

Si es asimétrica, no es adecuada para interconectar redes de área local, pues la velocidad de conexión será la mínima de subida/bajada.

ADSL

Es una tecnología de módems que permite enviar simultáneamente tanto voz como datos por la línea telefónica de cobre convencional (par de abonado) sin modificarla.

Se crean tres canales independientes

Un canal para la comunicación normal de voz (servicio telefónico básico).

Dos canales de alta velocidad (uno de envío de datos: upstream y otro de recepción: downstream).

Si el canal upstream y el downstream son diferentes, se denomina ADSL (asimétrico DSL).

Máxima velocidad ADSL.

Downstream: 8 o 9 Mbps.

Upstream: aprox. 640 kbps.

Tecnologías xDSL

Tecnologías xDSL más importantes.

ADSL (Asymetric Digital Subscriber Line).

Descendente: 1.5 a 9 Mbps (menos de 3 km).

Ascendente: 16 a 640 kbps.

Aplicación: Acceso a Internet, vídeo bajo demanda, multimedia interactiva.

VDSL (Very high data Digital Subscriber Line).

Descendente: 25 a 52 Mbps.

Ascendente: 1.5 a 2.3 Mbps.

Aplicación: igual que ADSL, más TV de alta definición, en distancias cortas.

VDSL

Canales ascendente y descendente.

Un filtro o splitter separa el canal de voz y digital de los canales digital de los canales ascendente y descendente xDSL.

Comparativa entre las velocidades de transmisión según la distancia para ADSL y VDSL.

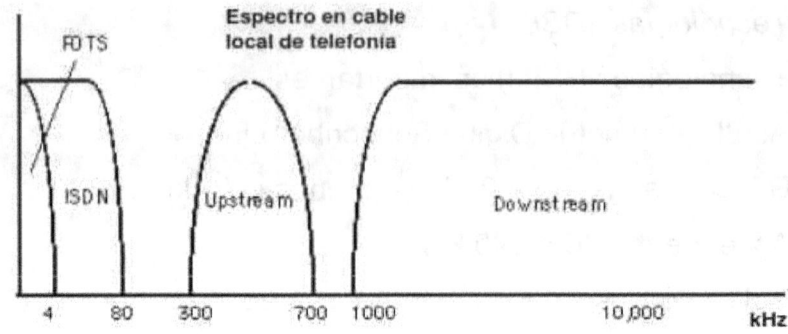

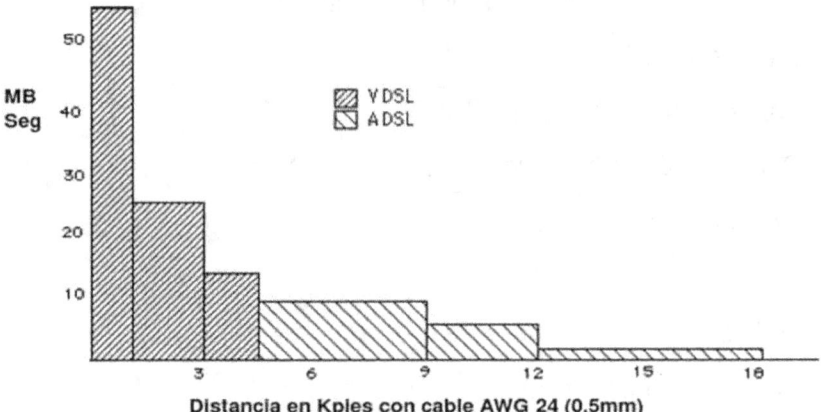

Distancia en Kples con cable AWG 24 (0.5mm)

Cable - CATV (Community Antenna TeleVision / Cable TV)

Conjunto de servicios de telecomunicación consistente en el suministro o intercambio de información en forma de imágenes, sonidos, textos, gráficos o mezcla de ellos, que son prestados al público en sus domicilios de forma integrada mediante redes de cable.

Este servicio lo proporcionan operadores que han obtenido la concesión administrativa en demarcaciones territoriales de diferente ámbito (uno o varios municipios).

Las primeras redes de cable, denominadas CATV (Community Antena TeleVision / Cable TV), surgieron hace décadas de la necesidad de prestar servicios de distribución de señales de televisión en zonas donde hacerlo por otros medios era imposible o más costoso.

Cable

Las modalidades de distribución pueden ser:

FTTH (Fiber To The Home): La fibra hasta el hogar, alta capacidad y muy cara (topología en estrella más conversión electro-óptica en cada vivienda), por lo que aún no se acomete.

HFC (Hybrid Fiber Coax): los usuarios se unen con un cable coaxial en forma de bus. Los coaxiales se concentran en los nodos de distribución, los cuales se unen entre sí mediante fibra óptica formando la red de distribución y red troncal. Es la opción actualmente más utilizada.

Si la distancia es mayor de 500 m, se precisan amplificadores y ecualizadores.

El cable coaxial puede atender a un grupo entre 500 y 2.000 hogares.

La cabecera de red primaria (head end) es el punto de recepción y origen de las señales de televisión y, además, la central de conmutación local a la que se conectan los distintos suministradores de servicios de telecomunicación.

El servicio de transmisión de datos es bidireccional.

Los canales altos llevan la información hasta el usuario (TV y datos) y uno de los bajos como canal de retorno para que el usuario puede tener interactividad con el sistema (comandos de pago por visión y datos de retorno) y recibir el servicio de telefonía vocal, debiendo colocar en ambos extremos de la telefonía vocal, debiendo colocar en ambos extremos de la red un cable modem, que proporciona una salida, típicamente Ethernet a 10 Mbps para conectar un PC o una LAN. Al igual que ADSL, con encender el PC se dispone automáticamente de conexión.

La principal desventaja del cable modem es que no se

dispone de servicio dedicado para cada abonado, es decir, la conexión usuario - central no es punto a punto, reduciéndose la velocidad según el número de usuarios conectados.

LMDS (Local Multipoint Distribution Service)
Tecnología inalámbrica multipunto.
Emplea ondas radioeléctricas de alta frecuencia, ofreciendo servicios multimedia y de difusión a los usuarios finales en unas distancias semejantes a las alcanzadas por las tecnologías de cable.

Ventajas

· Rápida instalación y puesta en servicio.
· Posibilidad de integrar diversos tipos de tráfico, como
· voz digital, vídeo y datos.
· Alta velocidad de acceso a Internet.

LMDS - Arquitectura
El emplazamiento del usuario está formado por una serie de pequeñas antenas de baja potencia, ubicadas en un pequeño espacio en la parte superior de los edificios.

La estación base está constituida por una estación omnidireccional o sectorizada, situada en lo alto de edificios o estructuras.

La frecuencia de trabajo está en 28 GHz (microondas), aunque puede variar dependiendo del país. La señal debe ser convertida a una frecuencia intermedia compatible con los equipos del usuario y convertidas por la unidad de red en voz, vídeo y datos.

LMDS - Comparativa

Compite actualmente con ADSL y cable.

La calidad y capacidad ofrecida es semejante a ADSL y cable, pero sus costes más competitivos, además de ser los enlaces más rápidos y fáciles de implementar.

Actualmente, los operadores de LMDS ofrecen 8 Mbps simétricos (frente a ADSL que es asimétrico).

Para los operadores de LMDS, la amortización de la infraestructura es más rápida que para los operadores de cable (mejores precios). Además, el servicio no se degrada cuando aumenta tráfico y el número de usuarios, como sí ocurre con el cable.

PLC (Power Line Communications)

Transmisión de voz y datos a través de la red eléctrica.

Cuenta con la gran ventaja de estar mucho más extendida que la red telefónica, además de disponer en una vivienda de múltiples tomas (bases de enchufe).

Se basa en las corrientes portadoras, tal y como se estudió para X-10, aunque este último tenía una baja tasa binaria.

Hasta ahora, las tecnologías que llegaron a transmitir a más de 2 Mbps (a frecuencia mayor de 1 MHz), debían superar las interferencias, microcortes y demás problemas de la red eléctrica.

Superados dichos problemas, en la actualidad, se alcanzan velocidades de hasta 45 Mbps – compartida con todos los usuarios que dependen del mismo centro de transformación, y se espera que en breve se alcance los 200 Mbps.

PLC - Problemática

Principal problema: enfrentarse a todas las interferencias y perturbaciones que se encuentran presentes dada la amplia proliferación de electrodomésticos y dispositivos conectados.

Redes eléctricas no acordes con la normativa electrotécnica aplicable, más rebotes y ondas estacionarias producidas en aplicable, más rebotes y ondas estacionarias producidas en los enchufes sin carga, cambios de impedancia en conexiones del cable de cobre.

Oposición por parte de los radioaficionados, que se ven perjudicados por las interferencias radioeléctricas en el espectro que tienen asignado.

Evidentemente, esto deja en evidencia la seguridad de estas comunicaciones.

PLC - Arquitectura

En los centros de transformación de media a baja tensión (compartida entre 100 – 300 viviendas) se colocan pasarelas conectadas a Internet o a la RTC, a través de fibra óptica. Solo se distribuye a través de la red eléctrica desde la vivienda hasta el centro de transformación (baja tensión).

Los modem PLC instalados en los hogares, tienen dos filtros pasa banda.

Uno (paso bajo) deja pasar la señal de red eléctrica: 50 Hz en Europa.

El otro (paso alto) libera los datos, y facilita el tráfico bidireccional entre la red y el cliente.

El modem se conecta a un enchufe y a través de un puerto USB o Ethernet proporciona la conexión de datos.

Satélite

Es una tecnología madura y consolidada, sumamente eficaz si se desea cubrir amplias zonas, con un coste relativamente bajo por tratarse de difusión, con un ancho de banda grande.

Los satélites no son más que repetidores de una señal procedente desde la Tierra, dejando una huella sobre la zona de cobertura, sin tender infraestructura en dicha zona.

El retorno o enlace ascendente, no se realiza por satélite, sino por RTB, RDSI o GPRS.

Comunicaciones Móviles
- GSM
- WAP
- GPRS

- GPRS
- UMTS
- Mensajes cortos SMS / MMS.

GSM (Global System for Mobiles)

Sistema de telefonía móvil digital celular o segunda generación de móviles (2G).

La telefonía celular consiste en que cada área se divide en celdas hexagonales que juntas cubren toda el área deseada.

Esto permite reutilizar las frecuencias en celdas no contiguas; además, la forma hexagonal elimina los posibles huecos presentes si se trabajara con círculos.

Para el control de la vivienda domótica, el teléfono móvil ha resultado muy útil, tanto en la comunicación desde la pasarela (por cuestiones de seguridad para prevenir la inutilización de la línea de RTB) como por el usuario, que permite estar permanentemente disponible a recibir una llamada o un SMS desde el sistema de control de la vivienda.

GSM - Evolución

En la evolución de GSM, desde su etapa inicial que sólo admitía la voz, hasta la actual que admite datos y a gran velocidad, se han sucedido varias tecnologías: GPRS, WAP, precursoras de UMTS tecnologías: GPRS, WAP, precursoras de UMTS (tercera generación o 3G).

WAP (Wireless Applications Protocol)

Sistema que surge como la integración de Internet y las comunicaciones móviles.

Se trata de un protocolo estandarizado, de libre distribución, para acceder a Internet a través de pequeños dispositivos WAP es compatible con los terminales de redes GPRS y UMTS.

WAP es compatible con los terminales de redes GPRS y WAP es un protocolo muy importante para la domótica, pues permite acceder a Internet y controlar remotamente la vivienda desde un terminal móvil o PDA, si dispone de cobertura.

Similar a WAP es i-mode, que surgió en Japón.

Este es propietario, con un gran éxito en dicho país, que se extendió en España de mano de Telefónica Móviles.

GPRS (General Packet Radio Service)

Tecnología transitoria entre 2G y 3G, permitió la aparición de servicios multimedia móviles y la adaptación de los usuarios a dichos servicios.

Utiliza la conmutación de paquetes con el protocolo IP. Aumenta la velocidad de acceso a Internet hasta los 50 kbps frente a los 14.4 kbps de GSM.

Aumenta la velocidad de acceso a Internet hasta los 50 kbps.

Se factura por cantidad de datos transmitidos y recibidos (en vez de por tiempo de conexión, como en GSM).

Esto es muy interesante para telecontrol, pues puede estar permanentemente conectado, facturándose únicamente el tráfico de datos.

UMTS (Universal Mobile Telecommunication Services)

Los sistemas 3G se basan en el estándar (W).

CDMA (Wide Code Division Multiple Access), que permite incorporar al móvil todo tipo de servicios como la transmisión de imágenes en movimiento y como la transmisión de imágenes en movimiento y el acceso a

Internet, a gran velocidad, ya que puede alcanzar hasta los 2 Mbps.

SMS / MMS (Short Message Service / Multimedia Message Service)

SMS permite comunicarnos de forma rápida con cualquier otra persona o máquina que se encuentre conectada, o tan pronto se conecte, a través del teléfono móvil.

Los SMS utilizan los canales de señalización y control, en vez del canal de voz, por lo que su coste es menor.

Los SMS son una posibilidad altamente explotada en los sistemas de telecontrol, tanto para informar al usuario, como para modificar los parámetros y configuración de la vivienda controlada remotamente.

Los MMS respecto a los SMS en domótica, permitirá recibir fotografías y video desde las cámaras de nuestra vivienda, para confirmar alarmas de intrusión (Muy Importante).

Pasarela Residencial (Residential Gateway)

Es el dispositivo de frontera entre las distintas redes de acceso externas y las redes internas del edificio inteligente.

Se trata de un interfaz de terminación de red flexible, normalizada e inteligente, que recibe señales de las distintas redes de acceso y las transfiere de forma transparente a las redes internas, y viceversa.

Dicho dispositivo será instalado por el operador de acceso de banda ancha contratado por el usuario. Así, los operadores podrán ofrecer contenidos interactivos y de valor añadido en el hogar.

En el futuro se convertirá en el elemento que permitirá la conectividad total de los hogares con el mundo exterior, aportando las funcionalidades domóticas y de hogar inteligente.

Necesitan cubrir las necesidades de convergencia debidas a la aparición de nuevas circunstancias tecnológicas en los hogares:

· Conexión a banda ancha.

· Incremento del número de PC en cada hogar.

· Electrodomésticos inteligentes con nuevas funcionalidades.

Esquema Conexión Red Exterior – HAN

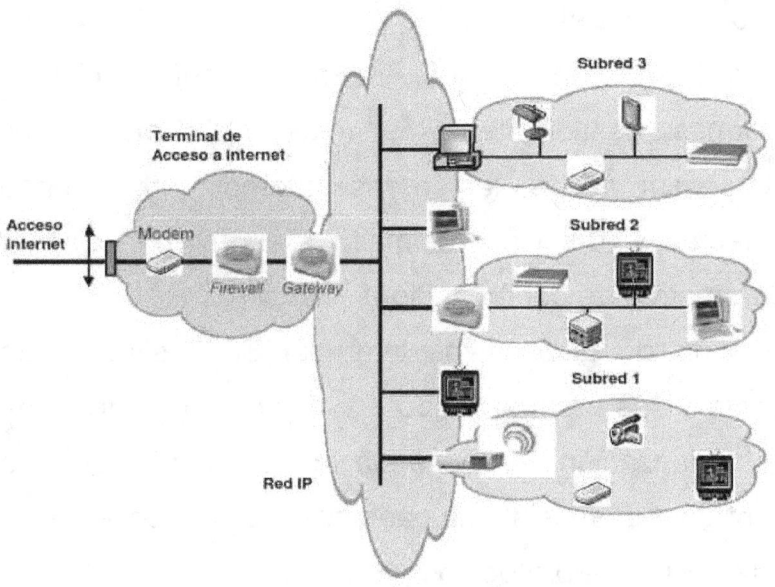

Componentes de la pasarela

Terminación física de los accesos externos y de los medios de distribución internos (puertos externos e internos). Es decir, se conectan las infraestructuras de telecomunicaciones de la vivienda (datos, control, multimedia) a una red pública de datos.

Adaptación de protocolos a todos los niveles. Ya hemos estudiado como para cada una de las redes interiores se utilizan protocolos y medios físicos diferentes. Así, la pasarela debe adaptar los protocolos para que todos los dispositivos puedan trabajar entre sí.

Gestión de las redes internas (configuraciones, alarmas, gestión de fallos, reinicios). Deberá pues supervisar todas las redes internas, permitiendo detectar y resolver anomalías, así como cambiar parámetros de configuración.

Gestión de dispositivos internos. Si el sistema de control es centralizado y con la adecuada estandarización, la pasarela realiza las tareas de controlador de sistema, además de interconexión y adaptación de protocolos.

Gestión de servicios internos. Es el punto de acceso único a los servicios ofrecidos por los operadores y proveedores de contenidos. Desde la pasarela, el servicio será dirigido al dispositivo o dispositivos apropiados. En la pasarela se decodifican las señales de los canales de TV de pago o el tratamiento de los derechos de propiedad intelectual.

Controles de flujos para privacidad. Se convierte así en el punto de entrada no sólo del usuario y operador, sino también de los potenciales delincuentes informáticos. Debe implementar robustos mecanismos de seguridad y privacidad de las comunicaciones.

Características de la pasarela para su implantación masiva

La instalación debe ser sencilla, Plug & Play.

Actualización dinámica del software asociado.

Debe ser segura, evitando accesos indeseados. Esto es importante desde el punto de vista de que podrían llegar a controlar la vivienda. Debe permitir funciones de mantenimiento preventivo, de la propia pasarela como de los dispositivos conectados a ella, tanto de forma local como remota. Debe soportar diferentes interfaces hacia el exterior e interior, de forma que el usuario disponga de posibilidades de configuración. Debe ser escalable, con arquitectura abierta y modular, que le permita adaptarse a los cambios del mercado.

Integración de la pasarela con otros dispositivos

En principio, todas las tareas a realizar por una pasarela residencial, las puede realizar un PC, si se le añade el hardware y software adecuado.

Los inconvenientes del PC para esta tarea son:

Inestabilidad de los SO basados en Windows.

Complejidad que requiere el uso de un PC en la actualidad para la población de una cierta edad.

El PC es un sistema abierto, y los operadores son reacios a ofrecer acceso incontrolado a su contenido.

Otras posibilidades

Incluir la pasarela en el modem, rúter, que suministra el operador de banda ancha. (Se queda corto en procesador e Incluirla en el dispositivo de control de un sistema centralizado.

Interfaces locales a la pasarela

La pasarela, por lo general, no dispone de teclado ni pantalla para facilitar su configuración, pues ya existen dispositivos que permiten configurarlos de forma local o remota, sin tener que generar redundancias.

Dos grandes candidatos

PC (más flexibilidad y funcionalidad que el TV).

TV (máxima penetración en los hogares) – mando a distancia.

Otra posibilidad

PC / TV: utilizar el TV para tareas simples, y el PC para configuraciones y tareas más complejas.

OSGi Alliance (Open Service Gateway Initiative)

Fundada en marzo de 1.999, por 15 compañías multinacionales, como una organización sin ánimo de lucro, para definir unas especificaciones abiertas con el objetivo de crear un estándar software para el desarrollo de plataformas sobre las que distribuir servicios de forma remota. Las especificaciones OSGi no define hardware ni medio físico, sino la arquitectura software mínima necesaria para que todos los servicios se ejecuten sin problemas en la misma plataforma. OSGi es un conjunto de API (Application Program Interface) basado en Java, que permite el desarrollo de servicios independientemente de la plataforma sobre la que se descargan y ejecutan.

Características

Es un estándar, no propietario, un entorno software para fabricantes, proveedores de servicios y desarrolladores.

Permite la coexistencia de diferentes componentes / aplicaciones en una sola JVM. Esto minimiza los requisitos de memoria, y permite la comunicación entre aplicaciones sin coste.

					Serial Interface X10 Konnex
Link with manager				IP Public	Access Technology
MoD service			NAT PAT		
VoD service				Ether MAC	IEEE802.11b
X10 bundle		HTTP / FTP / Telnet / ...	TCP / UDP /	Ether MAC	HomePNA
A/V control bundle	OSGI MIDDLEWARE	JVM for windows, Linux, else ...	IP Local, DHCP	Ether MAC	Ether PHY UTPS
AV Services				Ether MAC	PLC
HTTP		AV Middleware			
Device Access			IEEE1394		
Log					

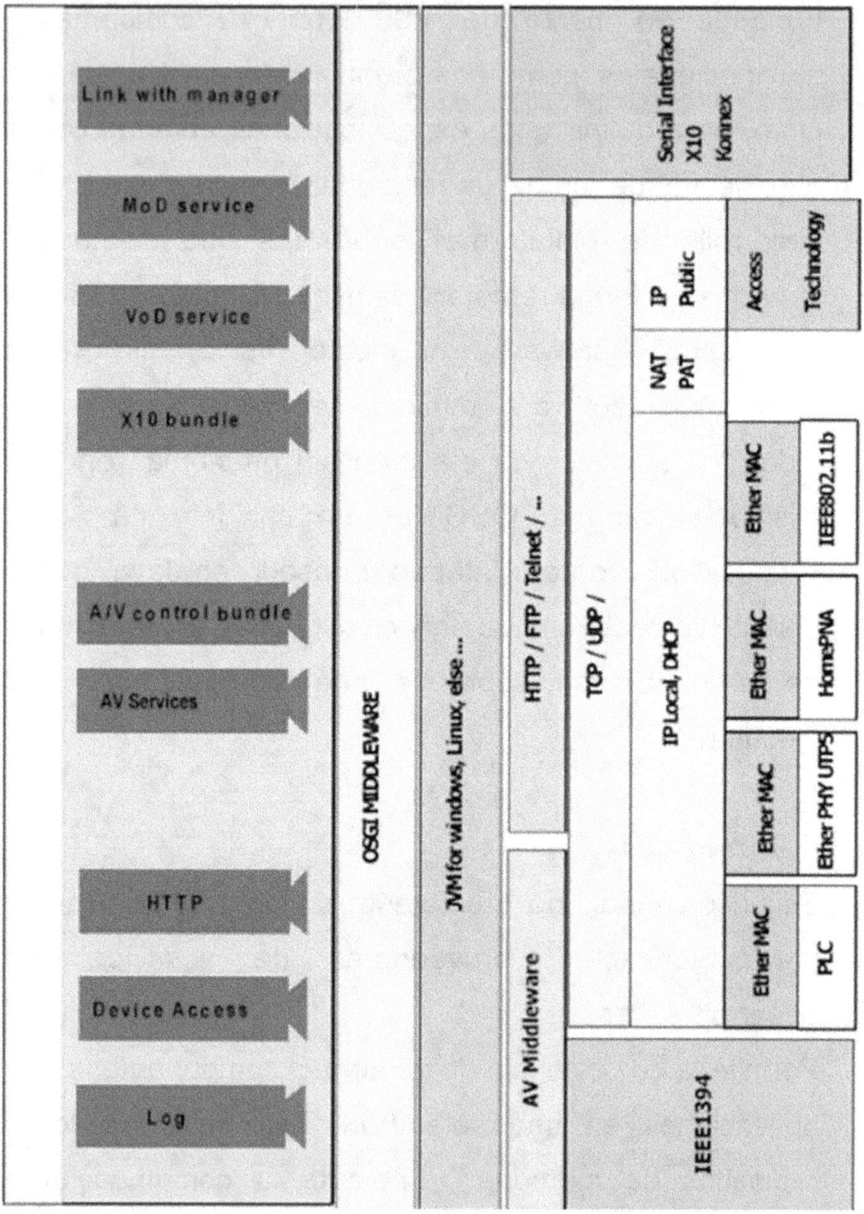

Desarrollo por API que controlan el ciclo de vida de las aplicaciones. Estas son instaladas con un formato de desarrollo estándar, y pueden ser iniciadas, paradas, actualizadas, sin detener la máquina virtual.

Un entorno seguro para evitar que las aplicaciones puedan dañar la JVM o a otras aplicaciones.

Permite a los operadores realizar el mantenimiento remotamente, de forma sencilla.

Estas API permiten compartir los servicios entre múltiples dispositivos, añadir servicios bajo demanda sin interferir el funcionamiento del resto, seguridad.

La arquitectura software de la pasarela residencial deberá soportar estos estándares para cumplir con la especificación OSGi.

Así, los usuarios podrán descargarse servicios, siendo la pasarela la que gestione la instalación y configuración de estos servicios sin interferir con el resto. Concebido con las ideas de una Arquitectura Orientada a Servicios:

- Registro de servicios.
- Desarrollo orientado a componentes.
- Modelo de programación orientado a eventos.
- Compartir recursos.

· Gestión del ciclo de vida: despliegue, instalación, arranque, parada y desinstalación.

· Tecnología base Java, soporte nativo.

Arquitectura

OSGi provee un entorno para aplicaciones (llamadas bundles), las cuales se ejecutan juntas en la misma máquina Bundles (se empaquetan como ficheros Jar) pueden ser instaladas, actualizadas y desinstaladas dinámicamente, sin tener que parar la máquina virtual.

JVM

Proporciona las características necesarias de seguridad, abierto, bien soportado, maduro y portable. Se descarta Microsoft .NET por ser proporcionado por una sola fuente (en contra de los principios OSGi).

OSGi Framework

Al ejecutarse múltiples aplicaciones sobre la misma JVM, se debe compartir cierta información y planificación para las diferentes aplicaciones. El componente responsable de esto es OSGi Framework, que incluye: Class Loading, Life Cycle Management, Service Registry y Security.

Componentes

-Class loading

Cada bundle puede exportar o importar paquetes. Si exporta, pondrá un conjunto de clases disponibles para otros bundles.

Si las importa, significara que necesita clases de otros bundles para trabajar.

-Life Cycle Management

Se alarga el ciclo de vida del hardware pudiendo actualizar el software de forma remota, sin detener la máquina virtual.

-Service Registry

Dinámicamente, OSGi controla qué bundles están activos, y las funciones que podrían ser utilizadas por otras partes del sistema.

Aplicaciones de OSGi

Automatización industrial, Comunicaciones y Telemática.

-Ordenadores personales.

Eclipse - un IDE que incluye interface gráfica de usuario (GUI), compiladores, herramientas de soporte, todo como un conjunto de plug-ins que se manejan separadamente.

Se están desarrollando pasarelas residenciales basadas en OSGi.

-Teléfonos móviles.

Aplicaciones Java que se ejecutan en los teléfonos móviles, pudiéndose añadir nuevas funcionalidades.

Vehículos BMW y su serie 5: Connected Drive. Se conecta con el 'mundo exterior' para determinar el tráfico para dar al conductor la información que necesita para llegar a su destino.

Conclusiones

La estandarización y la facilidad de uso de las pasarelas residenciales, es el único camino posible para que la implantación masiva sea una realidad.

Los operadores de servicios y contenidos utilizan distintas tecnologías para conectarse con la vivienda, desde RTC tecnologías para conectarse con la vivienda, desde RTC (más simple tecnológicamente, pero más complejo en su uso) hasta cualquier medio de banda ancha por conexión por Internet (más complejo tecnológicamente, pero más sencillo en su explotación). OSGi puede ser una opción viable para el desarrollo de las pasarelas residenciales.

Evaluación Capítulo 4
Cuestionario

Respecto a OSGi, marcar las afirmaciones correctas:

a. Es un estándar propietario, a un precio por licencia muy competitivo.

b. Permite actualizar el software del dispositivo sin paradas.

c. Está orientado a fabricantes, proveedores de servicios y desarrolladores.

d. Permite a los operadores realizar el mantenimiento de forma remota.

e. Dispone de la seguridad necesaria para evitar que se dañe la JVM.

Respecto a la arquitectura software de OSGi, marcar las afirmaciones correctas:

a. OSGi incorpora un equivalente a la JVM, por lo que no hace falta tener instalada dicha máquina virtual.

b. Los bundles desarrollados, son multiplataforma siempre y cuando se satisfagan sus requisitos hardware en dichas plataformas.

c. OSGi hace de capa intermedia entre los bundles y la JVM.

d. La instalación, activación y desinstalación de servicios, requiere la parada y reinicio de la máquina virtual.

e. La JVM está entre el hardware y OSGi.

Marcar los mínimos conectores que exigiríamos en una pasarela residencial (aquel conector que se pueda suplir por otro más avanzado en esta lista, no contaría):

a. RS-232.

b. Puerto FireWire.

c. USB 2.0.

d. PS/2 (ratón y teclado).

e. VGA.

f. Ethernet.

g. S-Video.

h. LPT 1.

Capítulo 5

Aplicaciones
Soluciones comerciales

Aplicaciones de los Edificios inteligentes

Clasificación en categorías o áreas funcionales:

Seguridad: Detección de intrusión, simulación de presencia, detección de escape de agua y gas, teleasistencia, etc.

Comodidad: teletrabajo, telebanca, telecompras, control centralizado del hogar, automatización de funciones, etc.

Ocio: Videojuegos en red, televisión digital interactiva.

Video Ocio: Videojuegos en red, televisión digital interactiva, video bajo demanda, cine en casa, etc.

Ahorro energético: programación y zonificación de la temperatura, regulación automática de la intensidad luminosa según el nivel de luz natural, etc.

Comunicación: Internet con conexión permanente y de banda ancha, videoconferencia, voz sobre IP, etc.

Hasta ahora, el usuario hacia uso de unos servicios proporcionados por el proveedor de servicios. El usuario debía adaptarse a los mismos.
 A partir de ahora, TODOS los agentes se deben adaptar a las necesidades de los usuarios.

Preferencias de los consumidores
La introducción en el mercado español será de forma gradual, tanto por razones económicas como por la cultura tecnológica.
Ordenadas por orden de motivación:
　　1. Seguridad

2. Confort o comodidad

3. Ocio y comunicaciones avanzadas

Fundamental: que la tecnología sea totalmente transparente al usuario (Plug & Play), sin lectura de manuales ni periodos de aprendizaje del sistema.

Seguridad - Teleseguridad

Videovigilancia, sensores perimetrales y volumétricos + conexión por RTC o GSM (sistema más extendido). Las imágenes se pueden grabar para posteriormente visionarlas si ocurriera algún incidente, o transmitirlas en tiempo real.

Llamadas automáticas al número de teléfono programado (fijo y móvil) o la central receptora de alarmas contratada móvil) o la central receptora de alarmas contratada.

Además, se añaden sistemas de vigilancia de alarmas técnicas (inundación, fugas de agua o gas).

Con la conexión a banda ancha permite la colocación de cámaras para supervisión de imágenes en tiempo real con buena calidad. Esto permitirá reducir las falsas alarmas.

Dos posibilidades desde el punto de vista del usuario

Contratar una Empresa de Seguridad (Securitas, Vinsa, Prosegur).

Instalar uno mismo un sistema domótico orientado principalmente a la seguridad (PowerMax, HomeGuard).

Ningún sistema es infalible. Los cacos emplean sistemas perturbadores de radio a las frecuencias de comunicación de GSM, o destruyen el sistema conectando el par telefónico a la red eléctrica (230 V, 50 Hz), eléctrica (230 V, 50 Hz).

Recordar que la telefonía RTC transmite una tensión continua de unos 45 – 50 V, por lo que la conexión anterior es bastante perjudicial si no dispone de algún sistema de protección.

Servicio muy demandado para ayudar a personas mayores y discapacitados. La población de edad avanzada aumenta progresivamente, y requieren unos servicios muy específicos.

Estos servicios van a aumentar ampliamente en las próximas décadas conforme la población que la conforma esté más vinculada con las nuevas tecnologías.

Conexión de Banda Ancha y Comodidad

Permite, entre otras cosas, las siguientes comodidades:

Como se decía antes permite la vídeovigilancia en tiempo real, sin tener que estar físicamente en el lugar.

Telecompras, telebanca, todo esto desde nuestra casa sin tener que desplazarnos ni hacer colas.

Además, se puede aplicar la telemedicina con una webcam, un monitor y dispositivos médicos conectables para consultas médicas en zonas rurales aisladas, permitiendo realizar diagnósticos sin tener que estar físicamente en el lugar.

Acceso a los electrodomésticos inteligentes a través de interfaces web desde el interior/exterior de la vivienda.

Teletrabajo (ahorramos tiempo de desplazamiento, dinero en combustibles).

Ahorro Energético.

Control más eficiente de la calefacción, climatización y ventilación, ajustando los consumos a las necesidades de cada momento.

Posibilidades:

· Regulación de la temperatura,

- Zonificación de la temperatura,
- Programación de la temperatura,
- Desconexión selectiva de cargas eléctricas no prioritarias antes de alcanzar la potencia contratada,
- Gestión e la tarifa nocturna,
- Desactivación de la iluminación al salir de casa.

Ocio

Televisión digital terrestre (expansión en los próximos años).

Televisión interactiva (teleshopping, pay per view.

Permitirá participar en concursos desde casa como si estuviéramos en el plató de televisión.

La instalación de sistemas como Home Cinema, con películas bajadas de Internet o a través de la televisión digital terrenal, nos permite recrear un ambiente magnífico en el salón de nuestra casa.

Sistemas comerciales

- Corrientes Portadoras.
- X-10.
- Home Systems.

- Empower X-10 (control avanzado, compatible X-10).
- Software.
- Casa activa.
- Active Home.

Centralita Domótica

SimonVIS (Vivienda Inteligente de Simon).

Máx. 128 entradas / 128 salidas / 128 temporizadores.

Centralita + módulos E/S conectados mediante bus.

RS-485 bidireccional.

Conexión RS-232: centralita – PC.

Control puramente centralizado.

Es un autómata programable especializado.

Alimentación: 24 VCC.

Sistemas basados en BUS

- KNX / EIB
- ABB
- Siemens
- JUNG
- LonWorks
- SimonVit@
- AMIGO

· Eunea Merlin Gerin

Es un sistema descentralizado, basado en módulos. Bus propio (dos hilos de comunicaciones) que interconecta todos los módulos.

Conclusiones

Las aplicaciones, agrupadas en áreas funcionales, aportan a la domótica las claves de su futura generalización en las instalaciones.

Diversos problemas, tanto económicos como de cultura tecnológica, harán que la introducción sea progresiva en el mercado residencial, mientras que en el sector servicios y en edificios administrativos se está generalizando.

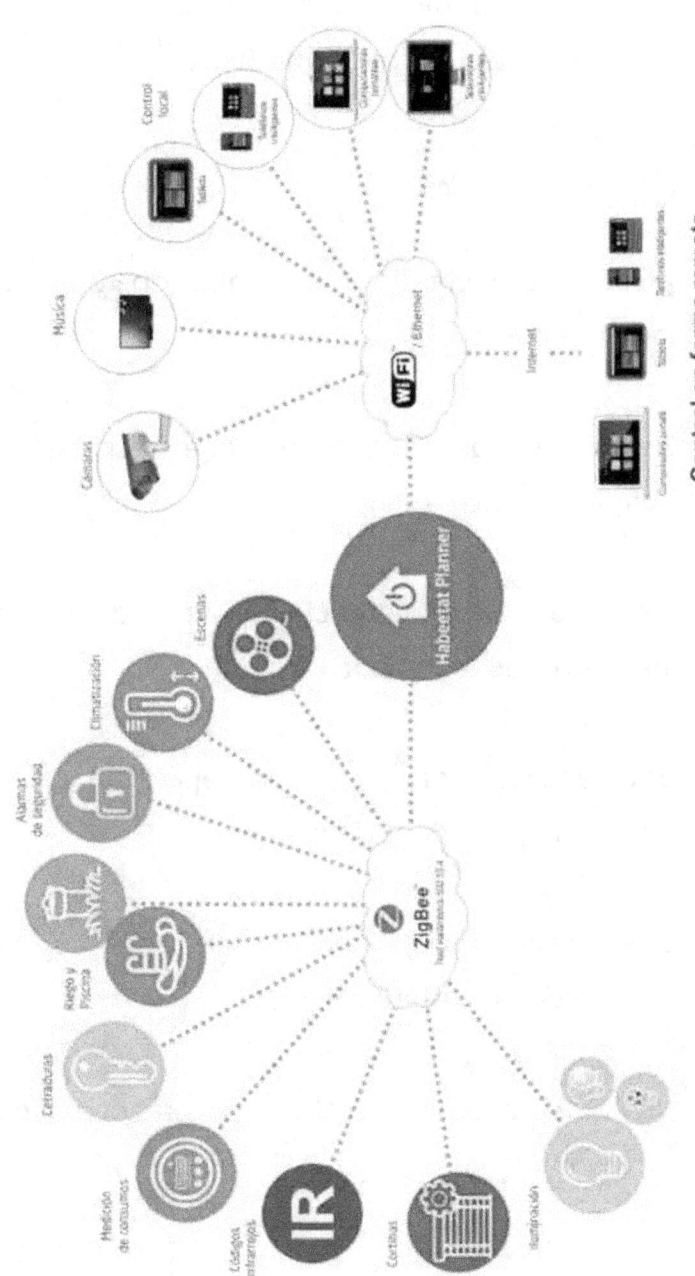

Evaluación Capítulo 5
Evaluación investigativa 1

Cuestiones

1. ¿Qué diferencias existen entre domótica e inmótica?

2. Relaciona los beneficios que aporta la domótica a los usuarios.

3. Describe las características de las instalaciones automatizadas.

4. Enumera las áreas de gestión aplicadas en la automatización de viviendas.

5. Describe las aplicaciones relacionadas con la gestión de la confortabilidad.

6. ¿A qué área de gestión de la domótica corresponde la simulación de presencia?

7. El control y regulación de la climatización produce un nivel de confort a los usuarios de vivienda. ¿A qué otra área de gestión afecta y por qué?

8. Describe la gestión de alarmas técnicas.

9. ¿Qué tipos de alarmas técnicas puede enviar a distancia un sistema domótico?

10. Enumera los diferentes tipos de redes domésticas que conoces.

11. Describe las funciones que realiza la red domótica.

Actividades

1. Describe qué tipo de aplicaciones de seguridad se pueden implantar en:
   a) Una vivienda en altura (3.º piso).
   b) Un chalet.
   c) Una oficina bancaria.
   d) El centro escolar.

2. La automatización de persianas y toldos puede llevarse a cabo en función de las condiciones atmosféricas. Si deseamos automatizar las persianas de una vivienda que dispone de 8 ventanas y un toldo, indica qué tipo de sensores se deben instalar para proteger la vivienda de las condiciones climatológicas.

3. El ahorro de energía es una preocupación de la sociedad actual. Teniendo esto en cuenta, relaciona los procedimientos o sistemas de ahorro de energía que tienes Implantados o se pueden implantar en:
   a) en tu vivienda.
   b) en el instituto.
   c) en el polideportivo de tu ciudad.

4. Se desea realizar el proyecto de una vivienda domótica en la que los usuarios quieren implantar las áreas de gestión de seguridad y confortabilidad. Por un lado, desean conocer a distancia las alarmas que se producen en su

vivienda, y por otro, poder actuar sobre los electrodomésticos.

a) Describe las aplicaciones de estas dos áreas de gestión que consideres necesario instalar en la vivienda propuesta.

b) Indica cómo se pueden recibir las alarmas a distancia y cómo se pueden controlar los electrodomésticos.

5. Relaciona los diferentes tipos de redes que están instaladas, en el instituto y en tu casa, indicando los componentes conectados en ellas.

Capítulo 6
Tendencias

Las tendencias del mercado domótico, después de consolidar el sector servicios (hoteles, edificios administrativos) donde con cierto impulso su automatización es imparable, son a expandirse en el mercado doméstico.

El hecho de que en un futuro próximo las viviendas incorporen un equipamiento tecnológico básico es innegable.

Lo que se cuestiona es el cómo y cuándo, pues depende de diversos factores la mayor o menor rapidez de implantación.

Ante esta situación, la domótica tiende a eliminar barreras que obstaculicen su penetración masiva en el mercado residencial.

Definiciones

-Edificio Residencial

Al menos la mitad se utiliza con fines residenciales.

-Edificio NO Residencial. Se conciben y utilizan para fines no residenciales. Ej.: hoteles, oficinas, administración pública.

-Edificio Automatizado

Edificio o vivienda que incorpora algún tipo de automatismo. Inicialmente, se utilizaban los autómatas industriales.

¿Qué es el Edificio Domótico?

Según CEDOM (Asociación Española de Domótica) "la incorporación al equipamiento de nuestras viviendas y edificios de una sencilla tecnología que permita gestionar de forma energéticamente eficiente, segura y confortable para el usuario los distintos aparatos e instalaciones domésticas."

Según AIDA (Asociación de Domótica e Inmótica Avanzada) "la integración en los servicios e instalaciones residenciales de toda tecnología que permita una gestión energéticamente eficiente, remota, confortable y segura.

¿Qué es un edificio Inmótico?

La inmótica abarca edificios más grandes, con distintos fines específicos y orientados no sólo a la calidad de vida, sino a la calidad de trabajo. Las soluciones son distintas pues los requisitos son diferentes (ej.: Museo arqueológico frente al edificio de la Consejería de Educación). Según CEDOM: "la incorporación al equipamiento de edificios singulares, comprendidos en el mercado terciario e industrial, de sistemas de gestión técnica automatizada de instalaciones".

¿Qué es un Edificio Digital?

Igual a Hogar Digital, cuyo objetivo es materializar la convergencia de los siguientes:

-Gestión Digital del Hogar: Televigilancia, telemedida, telemedicina, red de control, telemedida, telemedicina, red de control, etc.

-Comunicaciones: Internet de banda ancha, teleeducación, videoconferencia, comercio electrónico, etc.

-Entretenimiento: difusión A/V, video bajo demanda, etc.

-Home Networking: pasarela residencial, red de acceso.

¿Qué es el Edificio Ecológico?

Aquel que optimiza el uso de recursos energéticos y de los materiales en la construcción, conservación, mantenimiento y reciclaje de los mismos.

-Edificio Sostenible: produce toda la energía que necesita sin residuos.

-Edificio Geobiológico: tiene en cuenta los fenómenos físicos que pueden darse en el entorno de la vivienda (aguas subterráneas, fallas en el suelo).

-Edificio Bioclimático: diseño arquitectónico que permita confort térmico con el menor uso de sistemas de climatización convencionales.

-Bioconstrucción: Relacionado con los dos anteriores.

¿Qué es el Síndrome del Edificio enfermo?

Es aquel que presenta niveles altos de humo, polen y polvo, ozono, bacterias y virus, fibras, mohos y hongos, perjudiciales para la salud de las personas que la habitan.

Los síntomas típicos que pueden presentar los habitantes de estos edificios son: irritación de ojos, resecación de garganta, catarro, jaqueca, sinusitis, tos, fatiga, etc.

¿Qué es un Edificio Inteligente?

Es un edificio domótico o inmótico que presenta:

·   Inteligencia Artificial. Entendida como la simulación de comportamientos inteligentes, que permita responder ante diversas situaciones sin intervención humana.

· Situaciones sin intervención humana.

· Ambiente Inteligente

· Entorno donde el usuario interactúa de forma transparente con multitud de dispositivos conectados entre sí, en un sentido sociológico de realización de tareas.

· Medio Ambiente

· Respeto al medio ambiente. Mínimo impacto medioambiental.

Edificio Urbótico

Término futurista.

Aplicación de las tecnologías domóticas y de edificios inteligentes a las ciudades.

Una revolución similar a la que produjo la Una revolución similar a la que produjo la instalación del alumbrado público a base de electricidad.

Se está empleando en ciudades tridimensionales, como la Torre Biónica o Ciudad Vertical, Torre la Llum, Putrajava y Cyberjava en Malasia.

Visión Americana

Las nuevas tecnologías se utilizan por cuestiones puramente económicas. Se dirige hacia el hogar interactivo (intercomunicado), permitiendo el control a distancia y con servicios como teletrabajo, distancia y con servicios como teletrabajo, tele-enseñanza, etc.

Utilizan básicamente:

CEBus, X-10, LonWorks y sistemas propietarios.

Visión Japonesa

Utilizar los sistemas informáticos todo lo que se pueda. No persiguen el hogar interactivo, sino el hogar automatizado. Incorporan el máximo de aparatos electrónicos de consumo (equipos de audio, video, TV, fax, etc.). Utilizan el HBS (Home Bus System).

Visión Europea

Objetivo técnico - económico.

Da más importancia a la ecología, la salud y el bienestar de sus ocupantes, y los aspectos organizativos. Los países que más han invertido en domótica son Francia y Alemania. El proyecto de estándar Konnex integra EIB, EHS y Batibus.

Comparativa 1

- ## Arquitectura de los sistemas domóticos

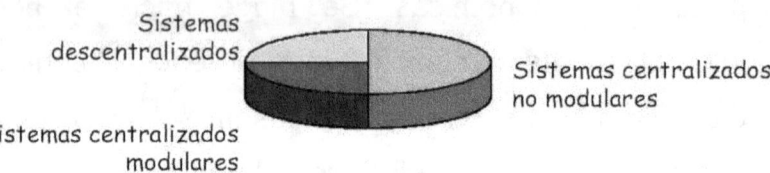

Sistemas descentralizados

Sistemas centralizados no modulares

Sistemas centralizados modulares

- ## Medios de transmisión

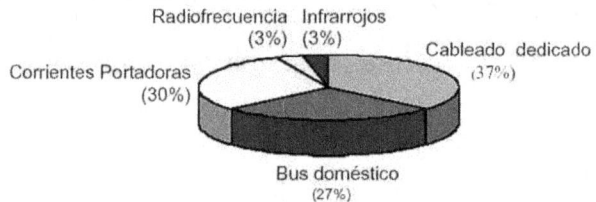

Radiofrecuencia (3%)   Infrarrojos (3%)

Corrientes Portadoras (30%)

Cableado dedicado (37%)

Bus doméstico (27%)

Comparativa 2

- ## Protocolo de comunicaciones

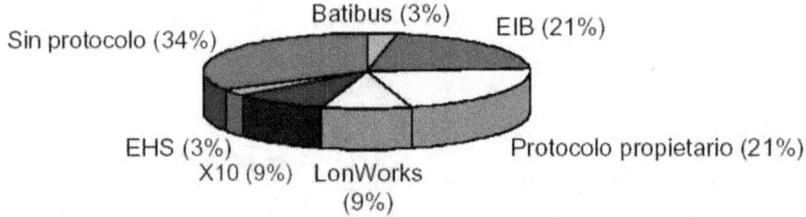

Batibus (3%)   EIB (21%)

Sin protocolo (34%)

EHS (3%)
X10 (9%)   LonWorks (9%)

Protocolo propietario (21%)

- ## Vivienda nueva / existente

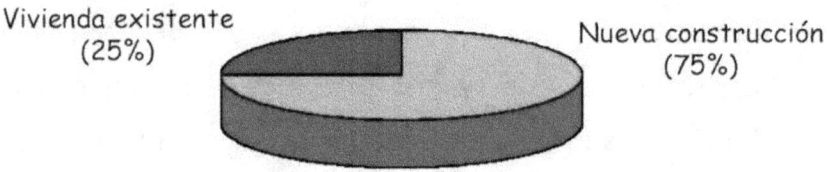

Vivienda existente (25%)

Nueva construcción (75%)

Comparativa 3

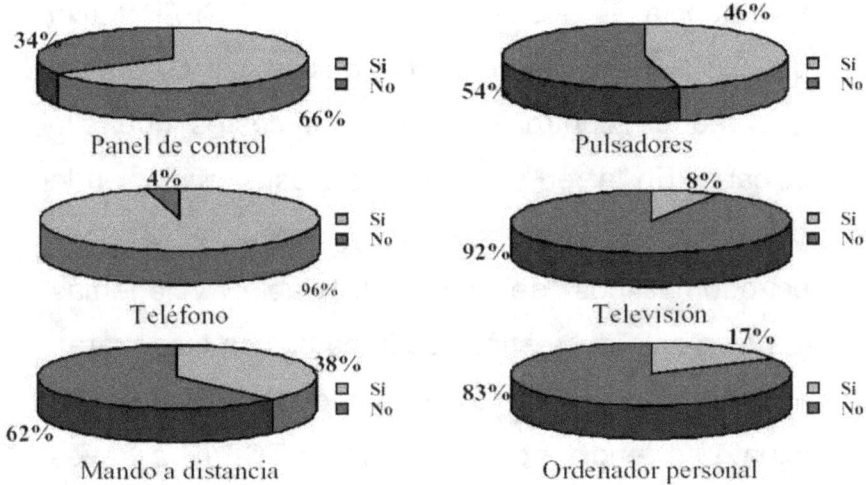

Panel de control — 34% / 66% — Si / No

Pulsadores — 46% / 54% — Si / No

Teléfono — 4% / 96% — Si / No

Televisión — 8% / 92% — Si / No

Mando a distancia — 38% / 62% — Si / No

Ordenador personal — 17% / 83% — Si / No

Comparativa 4

- Ventas por tipo de arquitectura

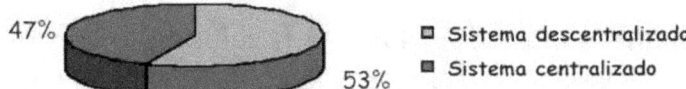

47% / 53%

□ Sistema descentralizado
■ Sistema centralizado

Más del 80% de las ventas de sistemas centralizados son no modulares , es decir, en sistemas basados en una central de gestión.

- Ventas por tipo de vivienda

14% / 86%

□ Sistema existente
■ Vivienda de nueva construcción

TCP/IP ¿El futuro?

La tendencia es a extender el uso de TCP/IP hacia todos los dispositivos del hogar, quizás con excepción de la red de control debido a los costes que ello implicaría. En la red de datos está establecido, en la red multimedia es viable, y además algunos electrodomésticos de línea es viable, y además algunos electrodomésticos de línea blanca empezarán a incorporarlo en breve. A la red de datos en su conjunto se tendrá acceso mediante TCP/IP a través de la pasarela residencial, y será ésta quien utilice el protocolo estándar establecido.

Plug & Play – Red de Control

La comercialización de dispositivos informáticos que soportaban Plug & Play permitieron extender masivamente el uso de periféricos en los hogares.

Así, la tendencia para el mercado doméstico será que los dispositivos sean Plug & Play, de configuración automática donde el cliente no tenga que disponer de grandes donde el cliente no tenga que disponer de grandes conocimientos técnicos, ni siquiera tenga que leer algún manual más o menos complejo.

Es necesario una estandarización suficiente de la red de control. Esto facilitaría a los usuarios la instalación propia, sustitución de ciertos dispositivos básicos (bombillas, enchufes), sin tener que recurrir al servicio técnico.

Integración de las 3 redes en la ICT+

La ICT debe incorporar también la red domótica tanto a nivel de vivienda como de edificio. Este impulso, facilitaría según necesidades de los usuarios.

Eliminaría así el obstáculo existente en los edificios ya existentes cuando se requiere su automatización: falta de medios e infraestructuras para cableados, etc.

TV terrestre digital

En un plazo de tiempo muy breve, la difusión de señal de televisión terrenal será en formato digital. Esto facilitará el paso al hogar digital, en lo que refiere a la red multimedia, y ésta a su vez a la vivienda en su conjunto. Un televisor digital permitirá reproducir directamente señal sin conversiones de analógica a digital, ni digital a analógica, ya sea proveniente de: la señal terrenal digital; de Internet a través de la pasarela residencial; desde un PC conectado en la red de datos; desde una cámara de vídeo en salida DV.

Pasarelas Residenciales

· Agruparán las tres redes de la HAN.

· Darán acceso al exterior, y desde el exterior control remoto.

· Deberán estar sujetas a un estándar común, al menos a nivel europeo, que permita trabajar con los diferentes operadores. O cada operador, subvencionar mediante el uso de sus propias pasarelas, tal y como hacen actualmente con los módem y rúters ADSL y cable módem.

Conclusiones

Actualmente, el mercado está muy abierto. Estamos en una etapa de transición, donde expertos en domótica intentan definir el papel que deberán tomar en el futuro cada uno de los agentes involucrados en el hogar digital.

Los operadores no quieren dar ningún paso en falso que pueda dejarlos fuera del negocio o que les haga perder una gran cantidad de dinero.

Eso, junto a la cultura tecnológica de la sociedad, auguran una introducción lenta y gradual, pero al mismo tiempo imparable de la domótica en el mercado residencial.

Evaluación Capítulo 6
Evaluación investigativa 2
Configuración de sistemas técnicos para la automatización de viviendas

1. Enumera los elementos básicos para automatizar una vivienda.

2. Describe las clases de arquitectura de control que se utilizan en las instalaciones domóticas.

3. Explica que es un sistema de control distribuido.

4. Detalla los requisitos que deben cumplir los medios de transmisión.

5. Describe las características de los pares trenzados.

6. Relaciona los métodos de transmisión que se usan en radiofrecuencia.

7. Identifica los siguientes medios de transmisión y descríbelos brevemente.

· Red eléctrica.

· Par trenzado.

· Cable coaxial.

· Fibra óptica.

· Infrarrojos.

· Radiofrecuencia.

8. Explica las funciones de un transductor.

9. Identifica los elementos básicos de un sensor.

10. Haz una relación de las clases de sensores que se instalan en las viviendas.

11. Describe las funciones que lleva a cabo un protocolo de comunicación.

12. Enumera los tipos de protocolos de comunicación de las redes domésticas.

13. Identifica la topología que usa el sistema LonWorks en los medios cableados.

14. Describe las funciones del par trenzado en los sistemas basados en bus de campo.

15. Detalla los sistemas basados en autómatas que utilizan controladores programables.

16. Describe el tipo de control utilizado por los controladores programables y la topología de la red que usan para conectar los componentes.

17. Enumera los sistemas de corrientes portadoras existentes que aparecen en el libro.

18. Relaciona las aplicaciones con los sistemas domóticos en los que están basados que se observan a continuación.

Esquemas Domóticos

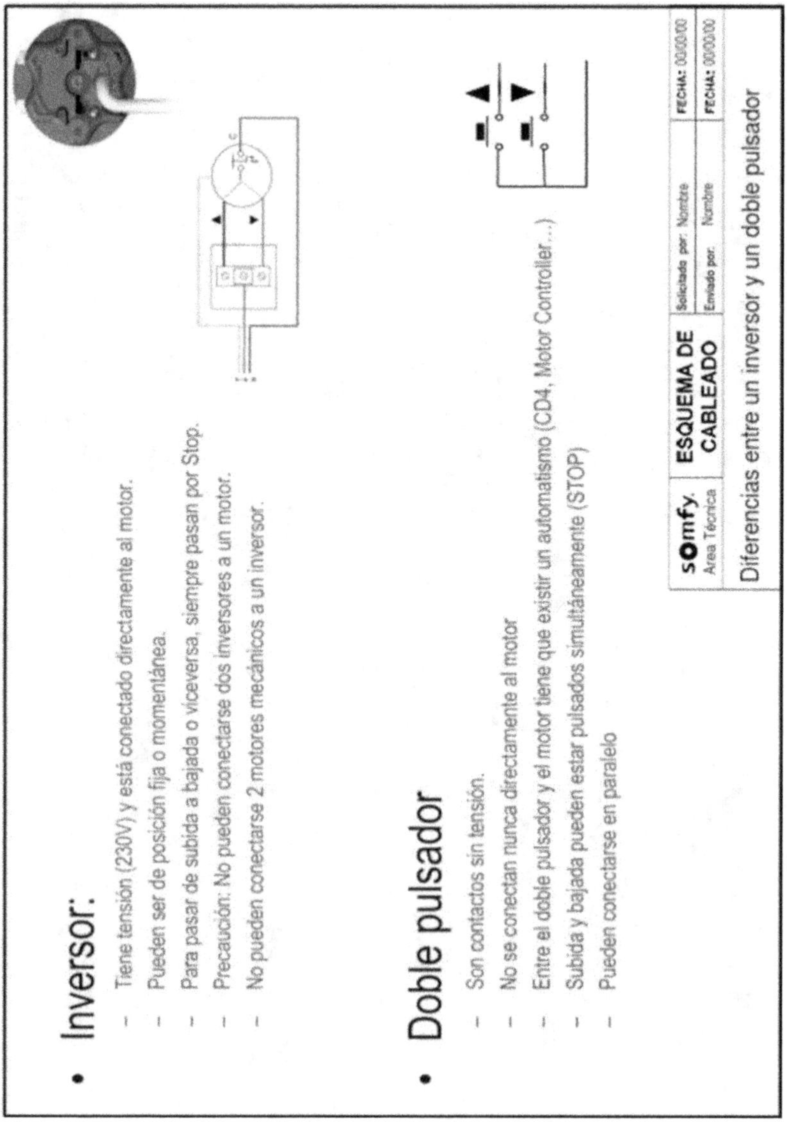

- ## Inversor:

  - Tiene tensión (230V) y está conectado directamente al motor.
  - Pueden ser de posición fija o momentánea.
  - Para pasar de subida a bajada o viceversa, siempre pasan por Stop.
  - Precaución: No pueden conectarse dos inversores a un motor.
  - No pueden conectarse 2 motores mecánicos a un inversor.

- ## Doble pulsador

  - Son contactos sin tensión.
  - No se conectan nunca directamente al motor
  - Entre el doble pulsador y el motor tiene que existir un automatismo (CD4, Motor Controller...)
  - Subida y bajada pueden estar pulsados simultáneamente (STOP)
  - Pueden conectarse en paralelo

somfy. Area Técnica | **ESQUEMA DE CABLEADO** | Solicitado por: Nombre | FECHA: 00/00/00
| | | Enviado por: Nombre | FECHA: 00/00/00

Diferencias entre un inversor y un doble pulsador

Receptores RTS para persiana/cortina

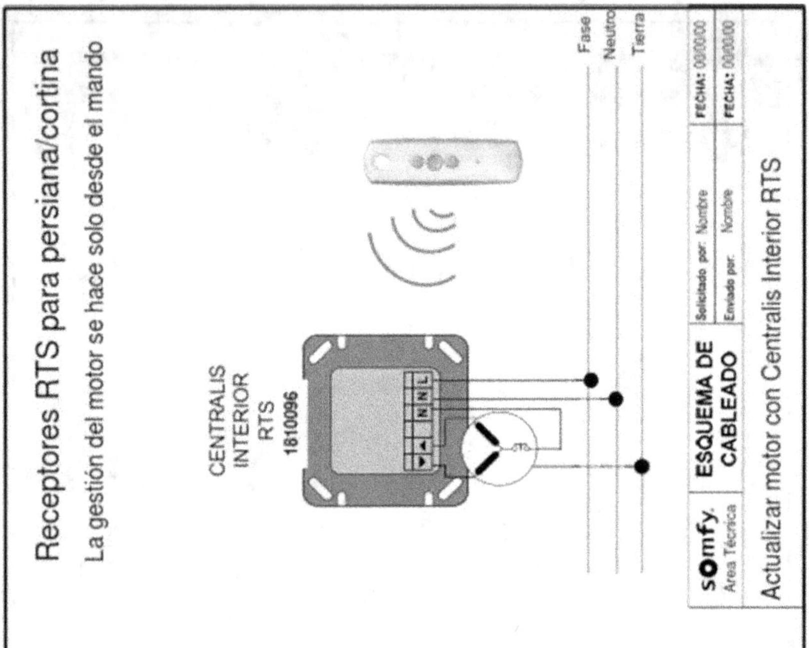

La gestión del motor se hace solo desde el mando

CENTRALIS
INTERIOR
RTS
1810096

Fase
Neutro
Tierra

| somfy. Area Técnica | ESQUEMA DE CABLEADO | Solicitado por: Nombre | FECHA: 00/00/00 |
| | | Enviado por: Nombre | FECHA: 00/00/00 |

Actualizar motor con Centralis Interior RTS

Esquema de principio

MI

MI/MG

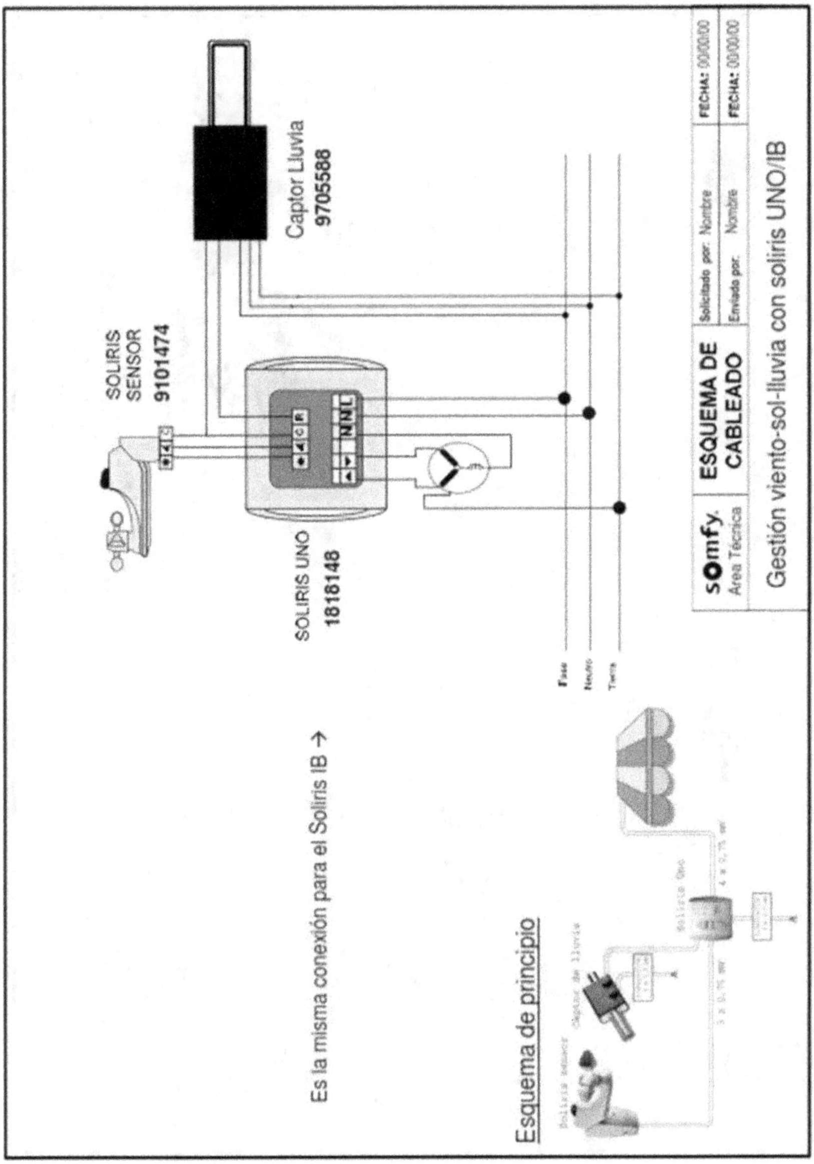

Captor Lluvia
9705588

SOLIRIS
SENSOR
9101474

SOLIRIS UNO
1818148

Es la misma conexión para el Soliris IB →

Fase
Neutro
Tierra

Esquema de principio

s**o**mfy. Área Técnica	ESQUEMA DE CABLEADO	Solicitado por: Nombre	FECHA: 00/00/00
		Enviado por: Nombre	FECHA: 00/00/00
	Gestión viento-sol-lluvia con soliris UNO/IB		

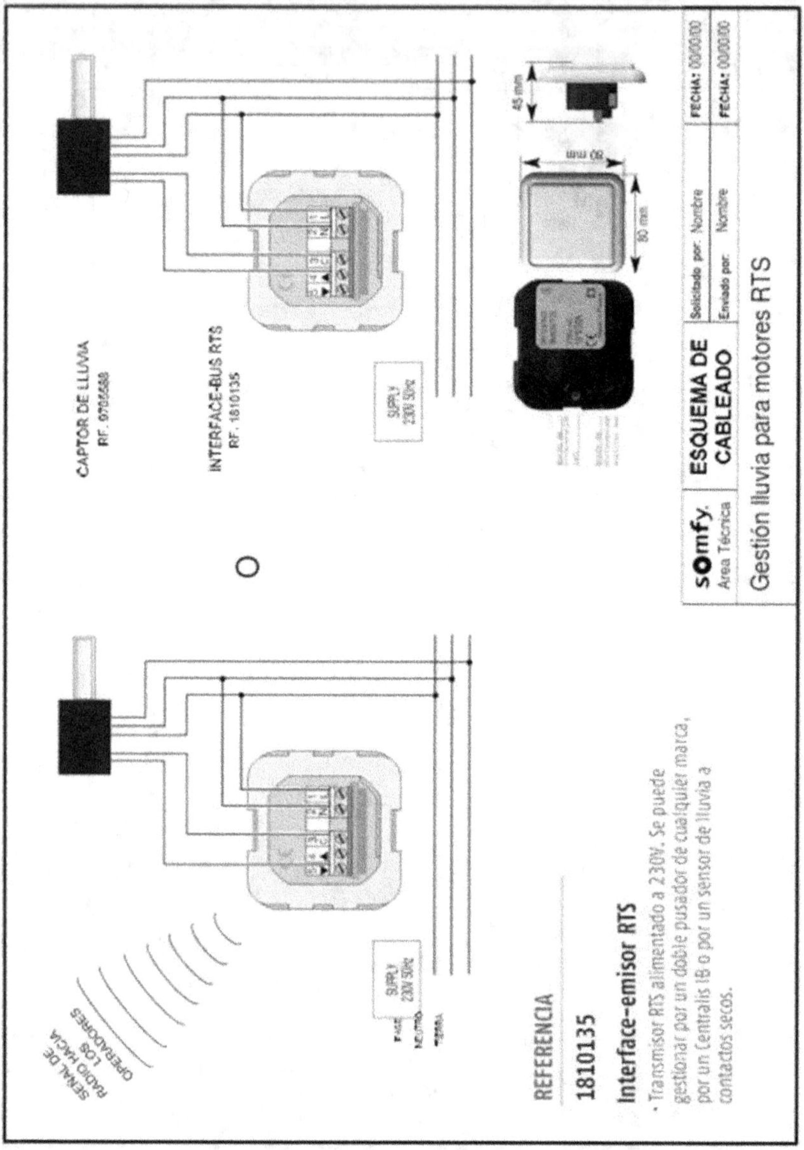

CAPTOR DE LLUVIA
RF. 9705688

INTERFACE-BUS RTS
RF. 1810135

SUPPLY
230V 50Hz

45 mm

90 mm

80 mm

ESQUEMA DE CABLEADO

somfy.
Area Técnica

	Solicitado por: Nombre	FECHA: 00/00/00
	Enviado por: Nombre	FECHA: 00/00/00

Gestión lluvia para motores RTS

SEÑAL DE RADIO HACIA LOS OPERADORES

SUPPLY
230V 50Hz

FASE
NEUTRO
TIERRA

REFERENCIA

1810135

Interface-emisor RTS

· Transmisor RTS alimentado a 230V. Se puede gestionar por un doble pusador de cualquier marca, por un Centralis IB o por un sensor de lluvia a contactos secos.

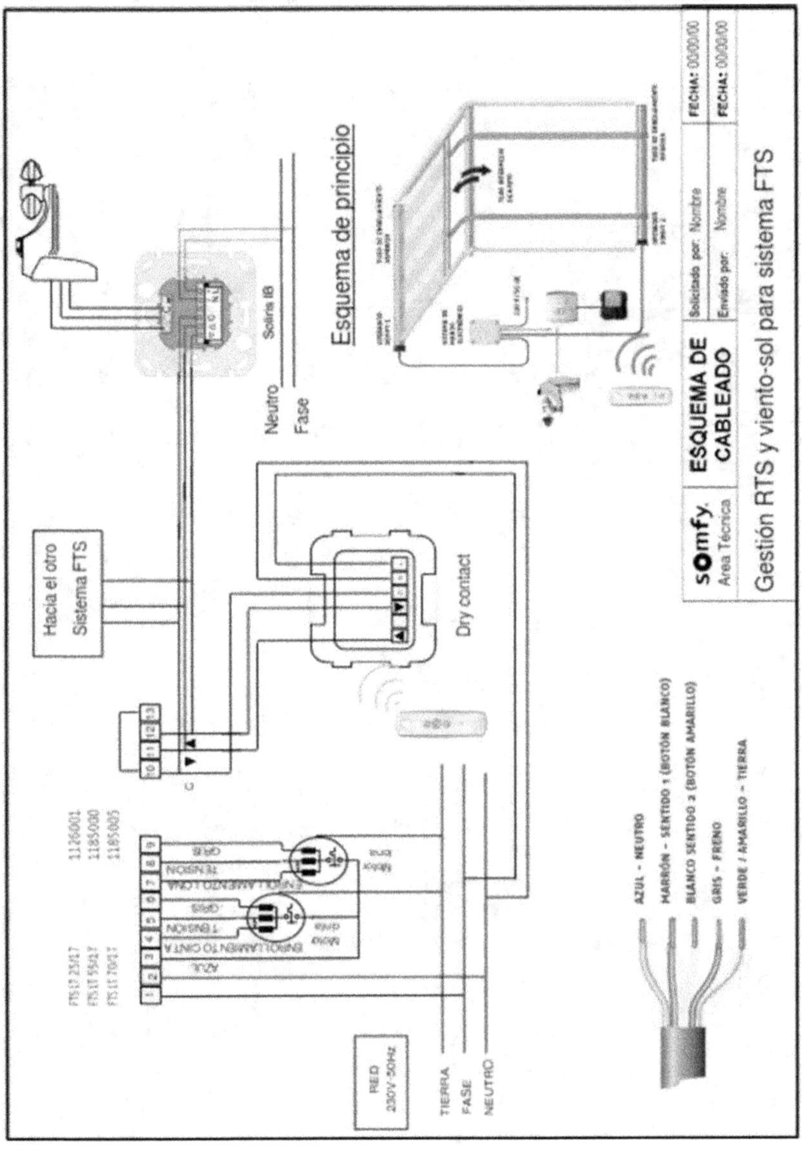
Hacia el otro Sistema FTS
Dry contact
Neutro
Fase
Soliris IB
Esquema de principio
RED 230V-50Hz
TIERRA
FASE
NEUTRO
AZUL
GRIS
TENSION
AZUL - NEUTRO
MARRÓN - SENTIDO 1 (BOTÓN BLANCO)
BLANCO SENTIDO 2 (BOTÓN AMARILLO)
GRIS - FRENO
VERDE / AMARILLO - TIERRA
somfy
Area Técnica
ESQUEMA DE CABLEADO
Solicitado por: Nombre
Enviado por: Nombre
FECHA: 00/00/00
FECHA: 00/00/00
Gestión RTS y viento-sol para sistema FTS

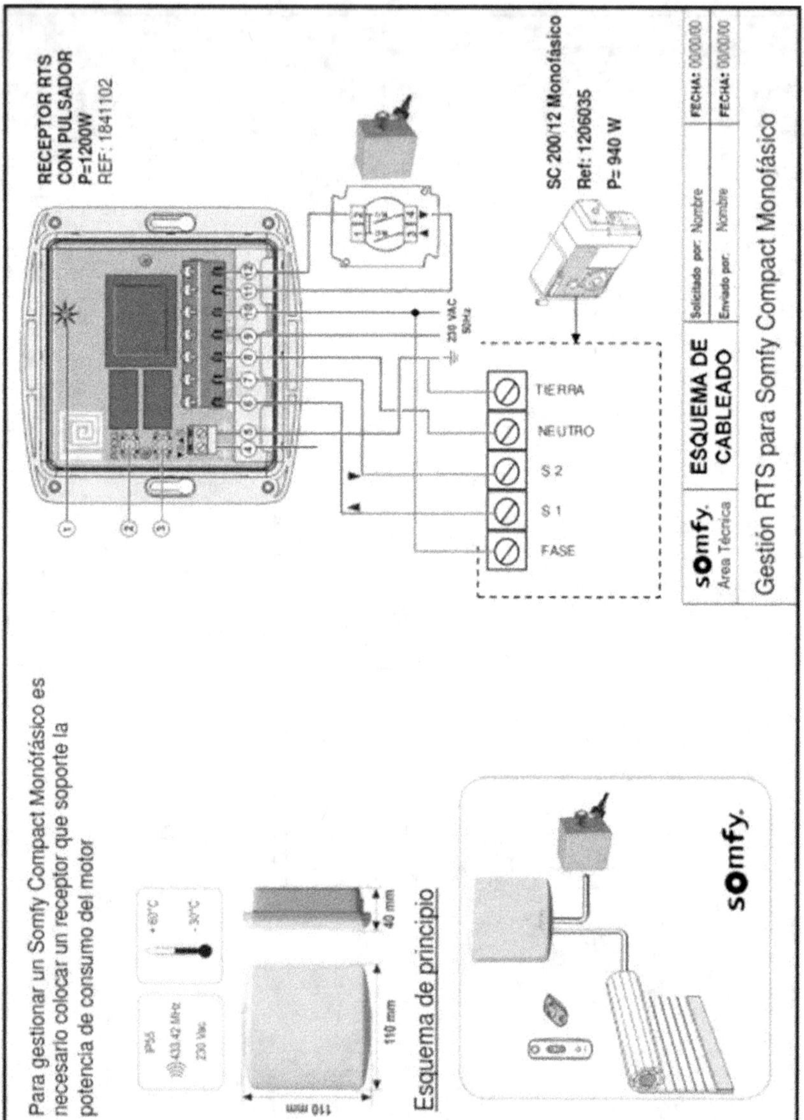

RECEPTOR RTS
CON PULSADOR
P=1200W
REF: 1841102

SC 200/12 Monofásico
Ref: 1206035
P= 940 W

230 VAC
50Hz

TIERRA
NEUTRO
S 2
S 1
FASE

| s**o**mfy. Área Técnica | ESQUEMA DE CABLEADO | Solicitado por: Nombre | FECHA: 00/00/00 |
| | | Enviado por: Nombre | FECHA: 00/00/00 |

Gestión RTS para Somfy Compact Monofásico

Para gestionar un Somfy Compact Monofásico es necesario colocar un receptor que soporte la potencia de consumo del motor

+60°C
-30°C

IP55
433.42 MHz
230 Vac

40 mm
110 mm
110 mm

Esquema de principio

s**o**mfy.

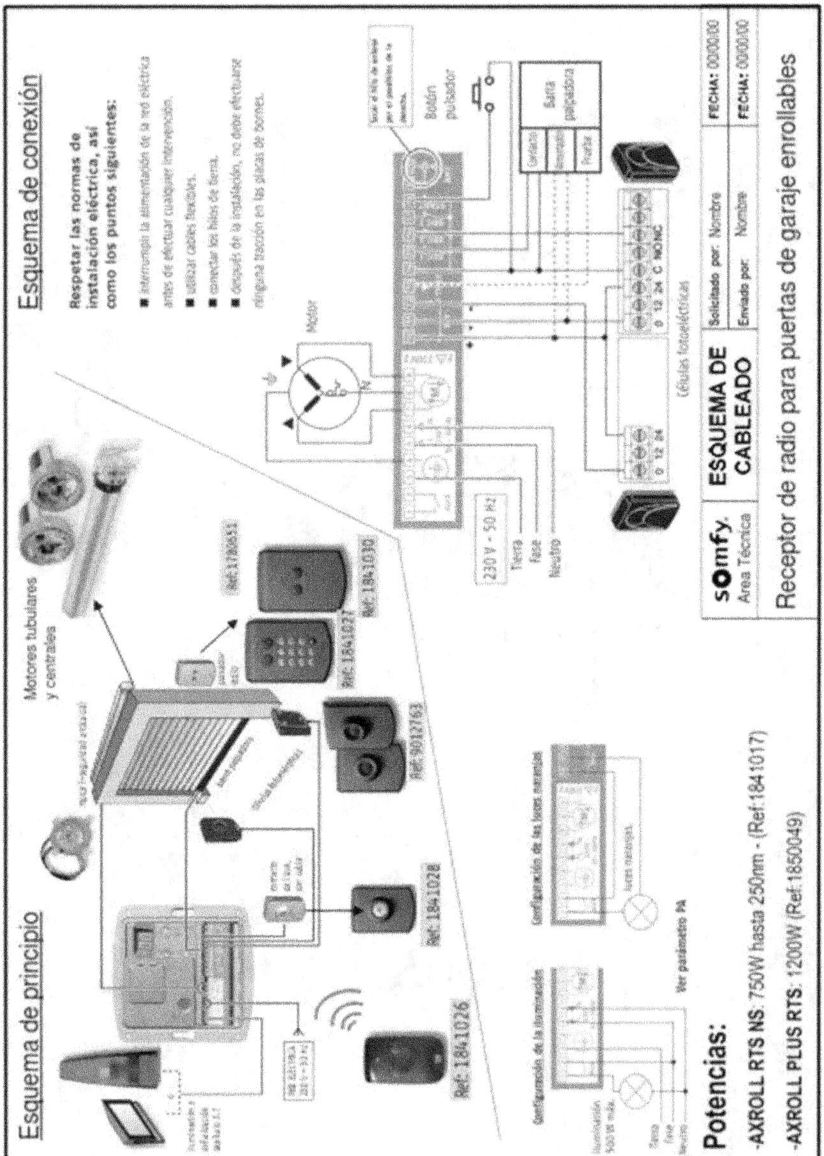

Esquema de conexión

Respetar las normas de instalación eléctrica, así como los puntos siguientes:

- Interrumpir la alimentación de la red eléctrica antes de efectuar cualquier intervención.
- Utilizar cables flexibles.
- Conectar los hilos de tierra.
- Después de la instalación, no debe efectuarse ninguna tracción en las placas de bornes.

Motor

Botón pulsador

Barra palpadora

Células fotoeléctricas

230 V – 50 Hz

Tierra
Fase
Neutro

Esquema de principio

Motores tubulares y centrales

Ref: 1780651

Ref: 1841030

Ref: 1841027

Ref: 9012763

Ref: 1841028

Ref: 1841026

Configuración de las luces naranjas

Ver parámetro P4

Configuración de la iluminación

Potencias:

- AXROLL RTS NS: 750W hasta 250nm - (Ref:1841017)
- AXROLL PLUS RTS: 1200W (Ref:1850049)

somfy.   Área Técnica

ESQUEMA DE CABLEADO

Receptor de radio para puertas de garaje enrollables

Solicitado por: Nombre	FECHA: 00/00/00
Enviado por: Nombre	FECHA: 00/00/00

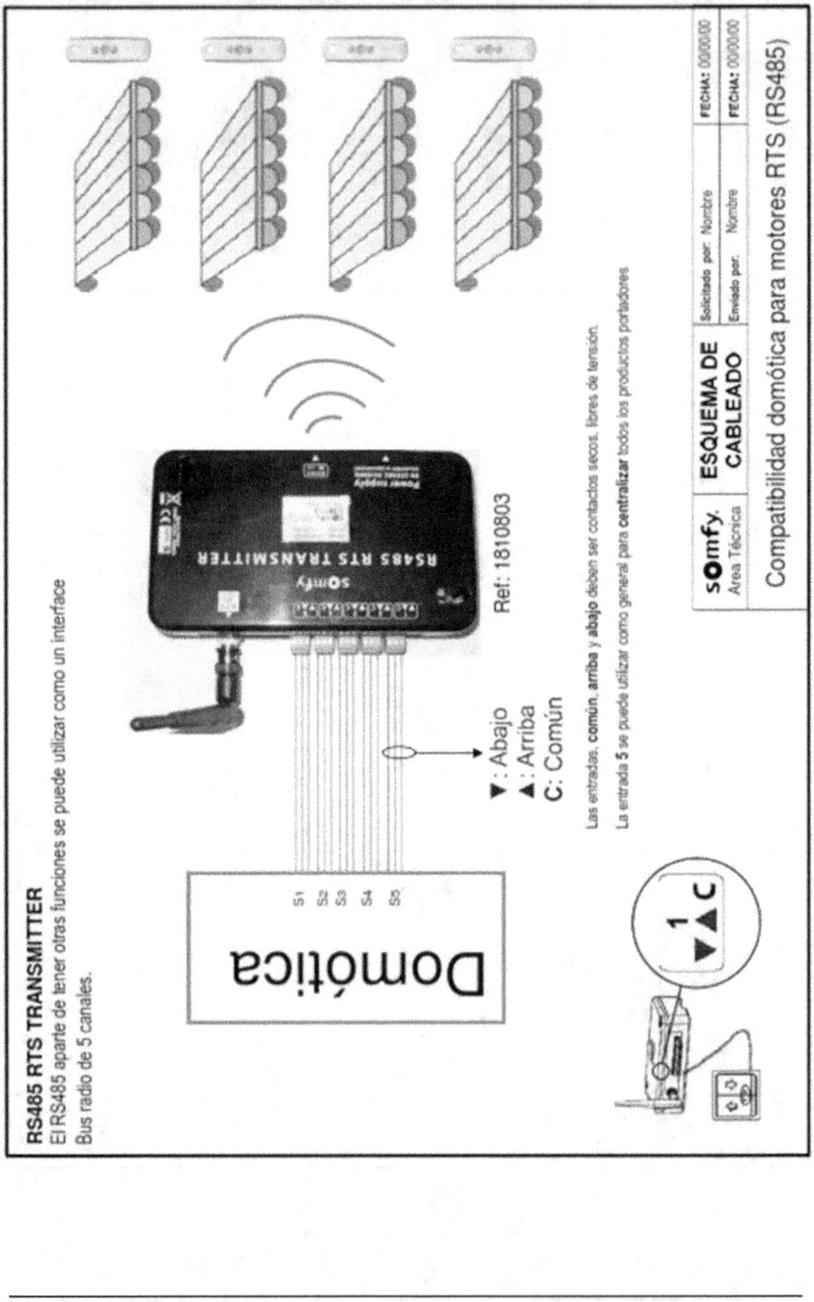

RS485 RTS TRANSMITTER

El RS485 aparte de tener otras funciones se puede utilizar como un interface

Bus radio de 5 canales.

Domótica

S1
S2
S3
S4
S5

Ref: 1810803

somfy. RS485 RTS TRANSMITTER
Power supply

▼: Abajo
▲: Arriba
C: Común

Las entradas, **común, arriba** y **abajo** deben ser contactos secos, libres de tensión.

La entrada **5** se puede utilizar como general para **centralizar** todos los productos portadores

somfy. Area Técnica	**ESQUEMA DE** **CABLEADO**	Solicitado por: Nombre		FECHA: 00/00/00
		Enviado por: Nombre		FECHA: 00/00/00
Compatibilidad domótica para motores RTS (RS485)				

1
▼ ▲ C
▼ ▲

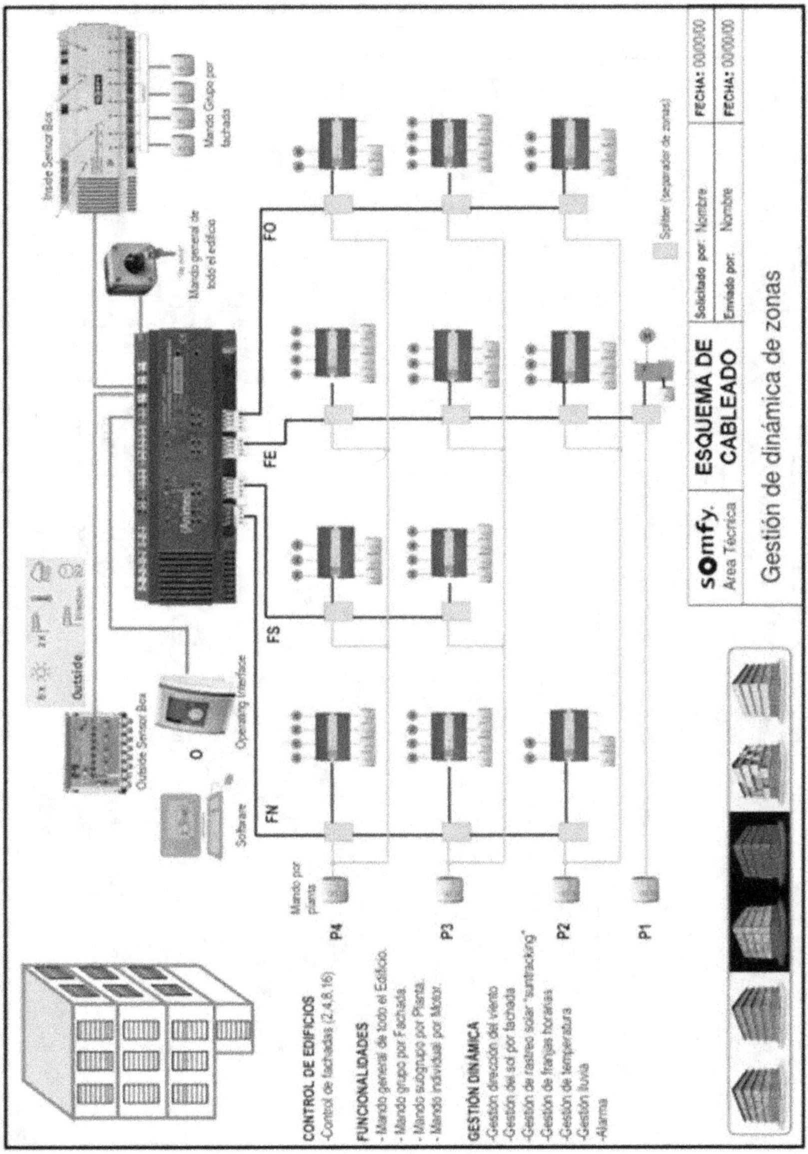
Outside
Outside Sensor Box
Software
Operating Interface
Inside Sensor Box
Mando general de todo el edificio
Mando Grupo por fachada
FN
FS
FE
FO
Mando por planta
CONTROL DE EDIFICIOS
-Control de fachadas (2,4,8,16)
FUNCIONALIDADES
- Mando general de todo el Edificio.
- Mando grupo por Fachada.
- Mando subgrupo por Planta.
- Mando individual por Motor.
GESTIÓN DINÁMICA
-Gestión dirección del viento
-Gestión del sol por fachada
-Gestión de rastreo solar "suntracking"
-Gestión de franjas horarias
-Gestión de temperatura
-Gestión lluvia
-Alarma
P4
P3
P2
P1
Splitter (separador de zonas)
somfy.
Area Técnica
ESQUEMA DE CABLEADO
Solicitado por: Nombre
Enviado por: Nombre
FECHA: 00/00/00
FECHA: 00/00/00
Gestión de dinámica de zonas

Conexión	Distancia Máxima	Tipo de cable	
		Sección	Par Trenzado
1	100 m	Min. : 3 x 0,5 mm² Max : 3 x 2,5 mm²	–
2	150 m	Min. : 4 x 1,5 mm² Max : 4 x 2,5 mm²	–
3	1.000 m	Min. : 4 x 0,5 mm² Max : 4 x 1,5 mm²	Recomendado 4 hilos
4	50 m	Min. : 2 x 0,5 mm² Max : 2 x 0,8 mm²	Obligatorio

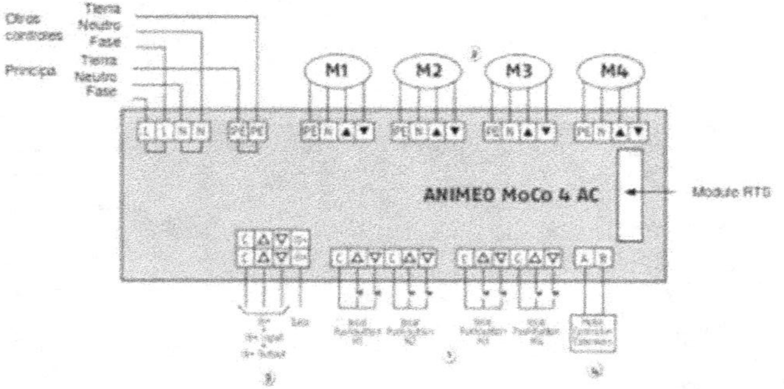

ANIMEO MoCo 4 AC

Diagrama conexión ANIMEO MoCo 4 AC

Módulo RTS

M1 M2 M3 M4

Otras
clarías: Tierra / Neutro / Fase
Principa: Tierra / Neutro / Fase

somfy. Área Técnica

ESQUEMA DE CABLEADO

Solicitado por: Nombre — FECHA: 00/00/00
Enviado por: Nombre — FECHA: 00/00/00

Tipo de cable y distancias máximas

Evaluación investigativa 3
Sensores y actuadores 1
Cuestionario

-Realizar la instalación para controlar líneas de calefacción eléctrica de la siguiente forma:

a. Un interruptor horario controla cada una de las líneas por separado.

b. Cada línea se conecta o desconecta mediante contactores.

c. Un termostato general (exterior) controla el funcionamiento de las líneas.

d. Cada línea tiene 3 tomas de corriente

e. Hay un interruptor, de forma que podemos parar manualmente la instalación.

-Realizar instalación para controlar 3 persianas de forma individual (3 pulsadores) y centralizada (1 pulsador general).

-Diseña un circuito para alumbrado exterior de un parque compuesto por 30 farolas para que se encienda automáticamente por la noche, pero como no queremos que esté toda la noche consumiendo energía se ha de apagar a las 3:00 AM (o bien 5

horas después de su encendido). El sistema ha de poder encenderse y apagarse de modo manual.

a. Dibujar esquemas eléctricos.

b. Hacer lista de materiales a emplear.

-Dibuja el cableado a un nodo domótico (salidas de PLC a 230 VAC) de dos motores de persiana. Lo mismo si las salidas son a 12 Vcc.

Internet

-Busca en internet información acerca de los balastos electrónicos para usar en tubos fluorescentes ¿Qué ventajas aportan? Explicar todas.

-Busca en internet catálogos de motores de persianas y toldos, toma nota de sus características principales y dibuja las formas de conexión de los distintos tipos.

Evaluación investigativa 4
Sensores y actuadores 2
Cuestionario

1. *Enumera los sensores y "programadores" que hemos utilizado*

2. *Explica el funcionamiento de cada uno de ellos y pon un ejemplo de utilización que se te ocurra, diciendo a que qué área de aplicación pertenece.*

3. *Dibuja los esquemas de conexión sensores-actuadores que has montado en el aula. Escribe su funcionamiento.*

4. *Enumera los actuadores que hemos utilizado en al aula.*

5. *Dibuja el esquema de fuerza y de mando para una aplicación en que el sensor gobierne una carga superior a su capacidad nominal.*

6. *Pon un ejemplo, dibujando y explicando en que usarías:*
   a. Interruptores magnéticos "de puerta" cableados en serie.
   b. Interruptores magnéticos "de puerta" cableados en paralelo.

7. *Dibujar cableado a nodo domótico de 24 Vcc. de las siguientes entradas:*
    a. Termostato.
    b. 2 Detectores iónicos de humos.
    c. Detector de gas.
    d. Un interruptor.
    e. Un pulsador.

8. *Buscar en internet y explicar en qué consisten y en que sensores se utilizan. (rellenar una tabla).*
    a. Resistencia LDR.
    b. Efecto piroeléctrico.
    c. Infrarrojos.
    d. Ultrasonido.
    e. Detector iónico.
    f. Efecto hall.
    g. Resistencia PTC.
    h. Sonda Pt100.

Ejercicio práctico 1
FLASH - PHP - X10

Objetivo:

Realizar una interface de usuario que permita interactuar con una instalación con tecnología X-10.

Requisitos:

Es requisito utilizar el proyecto HEYU, mientras que el lenguaje de programación de la interface es a elegir por el grupo de alumnos.

Agrupamiento:

Los grupos serán de 3 o 4 alumnos.

Planificación:

Los alumnos presentarán un diagrama de Gantt, con la planificación de este proyecto, con una duración máxima de 8 semanas, con 2 horas semanales.

Especificaciones:

1. *La aplicación se deberá de utilizar cómodamente desde una consola táctil, orientada a personas de edad avanzada. El*

tamaño de dicha pantalla corresponde al del monitor táctil del laboratorio de prácticas, no contemplándose otras pantallas (PDA, etc.) de menor tamaño.

2. *Debe permitir el control tanto remota como localmente.*

3. *Cada grupo de dos personas, tendrá que elegir una vivienda tipo 'duplex', llegando al grado de automatización que se indica a continuación (5 ptos):*

a. Cocina: control de la iluminación y control de encendido / apagado de una lavadora convencional.

b. Salón: iluminación ambiente (dimmer), iluminación fija, aire acondicionado (on / off) y persianas.

c. Baños y Aseos: ventilación.

d. Pasillos: detector de presencia para encender / apagar la luz principal del pasillo.

e. Dormitorios: climatización, iluminación y persianas.

f. Terraza: anemómetro - toldo.

g. Varios: posibilidad de encender y apagar todas las luces, apagar todos los dispositivos.

4. *Desarrollar un Módulo Seguridad, siguiendo los siguientes parámetros (2.5 ptos):*

   a. Detectores de ventanas abiertas / cerradas (solo en el salón).

   b. Detectores de inundación en aseos, baños y cocina. (Debe

   cortar la llave de paso).

   c. Detector de gas en cocina (debe cortar el paso de gas).

5. *La letra debe ser configurable, pues podríamos utilizar varias letras siempre y cuando se tenga en cuenta que únicamente aquellos dispositivos que tengan misma letra que el mando a distancia podrán ser controlados desde éste, pudiendo dejar fijos los números de dispositivos (1 pto).*

6. *Máxima nota de la actividad (parte no obligatoria para que el trabajo se pueda considerar APTO) (1.5 ptos):*

    a. El número puede configurarse por el usuario durante la explotación del sistema.

7. *Simulación de presencia para el módulo de Seguridad. Este trabajo se defenderá frente al resto de compañeros mediante una presentación multimedia, justificando la solución adoptada y remarcando los puntos fuertes de la propuesta, con una duración máxima de 15 minutos.*

Ejercicio práctico 2

Actividad Casas Comerciales
Distribuidores X-10

Buscar en Internet la siguiente información:

1. Fabricante.

2. Distribuidor en España.

3. Descripción básica del dispositivo.

4. Precio.

Para un kit de domótica por debajo de 300,00 €
(describir los dispositivos que incluye).

2. Dimmer o regulador de iluminación.

3. Detector de presencia.

4. Detector de inundación.

5. Cámara de vigilancia X10.

Ejercicio práctico 3
Actividad OSGi, UPnP y Jini

Buscar en OSGi Alliance (OSGi Technology):

1. Confirmar si OSGi soporta UPnP y/o Jini.

2. Indicar a qué nivel es soportado.

3. Descargar los recursos necesarios.

Ejercicio práctico 4
Actividad otras Redes de Control
Cuestionario

Responder a las siguientes cuestiones:

1. Cuando se dice que Batibus tenía capacidad de evolución.

   ¿Qué se está diciendo respecto a los mensajes?

2. EHS, ¿tiene más o menos prestaciones que X10?

   ¿Qué se necesita para configurarlo?

3. ¿Por qué no podemos realizar una instalación CEBUS en Europa?

4. ¿Cómo funciona el 'espectro ensanchado' utilizado en CEBUS?

   ¿Qué ventaja e inconveniente tiene?

5. ¿De cuántos bits es el ID del microcontrolador de un nodo LonWorks?

   ¿Cómo se llama dicho micro?

6. ¿Cuál es el protocolo utilizado en LonWorks?

7. ¿Qué ventajas ofrece LonWorks frente a la corrección de errores?

Ejercicio práctico 5

Actividad sobre Circuitos Eléctricos
Tecnologías basadas en Corrientes Portadoras

Esta actividad consiste en localizar el Cuadro General de Protección de vuestra vivienda para realizar las siguientes acciones:

1. Realizar una fotografía para incluirla en la memoria.

2. Identificar el diferencial y los PIAs instalados (sensibilidad, corriente nominal, etc.).

3. Indicar el número de circuitos y el uso de cada uno de ellos.

4. Indicar dónde se deberían colocar los filtros necesarios para las tecnologías de corrientes portadoras. Justificar su uso.

5. Indicar si se trata de una instalación trifásica o monofásica, y dónde se incluirían los

acopladores de fase en su caso. Justificar su uso.

IMPORTANTE: incluir foto del cuadro de protección general.

NOTA: El documento enviado debe estar en formato PDF.

Ejercicio práctico 6
Actividad sobre Tecnología X-10
Cuestionario

Responder a las siguientes cuestiones:

1. ¿Qué tipo de medio utiliza X10 para sus trasmisiones?

2. ¿Podemos encontrar un dispositivo X10 a radiofrecuencia?

3. Si fuera correcta la pregunta (2), ¿para qué haría falta radiofrecuencia si los mensajes viajan por la red eléctrica?

4. ¿Cuántas veces se envía cada byte?

5. ¿Para qué sirve el código de inicio y en qué consiste?

6. ¿Existe código de parada? ¿Por qué?

7. Si tenemos un casquillo de bombilla configurado como 'D8', ¿qué configuración deberemos poner a el interruptor asociado, y qué mensaje emitiría dicho interruptor?

8. Si queremos encender el dispositivo 'A4', ¿qué bytes se debería enviar? Indicar también el bit 9.

9. Si queremos apagar todos los dispositivos, ¿qué bytes se debería enviar? Indicar también el bit 9.

10. ¿Se pueden enviar dos mensajes diferentes uno a continuación del otro, o hay que dejar alguna temporización?

11. ¿Cuál es la señal de sincronismo (reloj) en este protocolo?

12. ¿Cómo se accede al bus según este protocolo?

Ejercicio práctico 7

Cuestionario

Pregunta 1: En los sistemas domóticos se utiliza:
a) Sólo corriente alterna: 230V, 50 Hz.
b) Sólo corriente continua: de 12 a 24 V.
c) Corriente alterna (230V, 50 Hz) y/o continua de baja tensión.
d) Todas las anteriores son correctas.

Pregunta 2: El sistema domótico KNX:
a) Es un estándar americano.
b) Utiliza la red eléctrica como medio de transmisión.
c) Fue desarrollado por los fabricantes de EIB, EHS y BatiBUS.
d) Todas las anteriores son correctas.

Pregunta 3: La domótica trata de solucionar los problemas de:
a) Sólo de comunicaciones.
b) Sólo de seguridad y de confort.
c) De control energético, seguridad, confort y comunicaciones.
d) Todas las anteriores son correctas.

Pregunta 4: Los objetivos del control energético son:
a) Utilizar las franjas de tarificación reducida.
b) Reducir los consumos fuera de horarios de trabajo.
c) Disminuir las pérdidas en los sistemas de climatización.
d) Todas las anteriores son correctas.

Pregunta 5: Los siguientes medios se utilizan habitualmente como medio de transmisión en las instalaciones domóticas:
a) Par trenzado (TP).
b) Radiofrecuencia (RF).
c) Corrientes portadoras (PLC).
d) Todas las anteriores son correctas.

Pregunta 6: Los sistemas que de corrientes portadoras (PLC), como puede ser el sistema X10:
a) Utilizan los cables eléctricos de la instalación para transmitir la información.
b) Necesitan un cableado nuevo, habitualmente un par trenzado.
c) Pueden transmitir una gran cantidad de información.
d) Todas las anteriores son correctas.

Pregunta 7: Los sensores:
a) Obtienen información de determinados parámetros del lugar donde se encuentran.
b) Se utilizan para actuar sobre determinados motores, mediante relés.
c) Su salida es siempre analógica.
d) Su salida es siempre digital.

Pregunta 8: Los sensores de luminosidad:
a) Se deben de instalar en un lugar con exposición directa a la luz.
b) Se deben de instalar en un lugar sin exposición directa a la luz.
c) Son siempre analógicos.
d) Todas las anteriores son correctas.

Pregunta 9: Los sensores de temperatura.
a) Se deben de colocar a la altura del suelo.
b) Se deben de colocar a 1,5 m. respecto al suelo.
c) Se deben de colocar en el techo.
d) Todas las anteriores son correctas.

Pregunta 10: Los sensores volumétricos de presencia:
a) No son los adecuados para el encendido automático de las luces.
b) Se utilizan para detectar la presencia de intrusos en la vivienda.
c) Siempre se deben de colocar en el techo.
d) Todas las anteriores son correctas.

Pregunta 11: Los sensores detectores de incendios:
a) Existen tipos que detectan las partículas en el aire.
b) Existen tipos que detectan cambios de temperatura.
c) Existen tipos que detectan los humos.
d) Todas las anteriores son correctas.

Pregunta 12: Los sensores detectores de gas:
a) Se colocan siempre a 30 cm del suelo.
b) Se colocan siempre a 30 cm del techo.
c) Su colocación depende del tipo de gas que tenga que detectar.
d) Todas las anteriores son correctas.

Pregunta 13: Los mandos a distancia domóticos:
a) Utilizan par trenzado para la transmisión de la señal.
b) Los de infrarrojos no necesitan visión directa.
c) Los de radiofrecuencia no necesitan visión directa.
d) Todas las anteriores son correctas.

Pregunta 14: Las pasarelas de comunicación domóticas:
a) Se utilizan para conectar la red domótica con el exterior.
b) Son obligatorias en todas las nuevas construcciones que incorporen domótica.
c) Utilizan como medio de transmisión los infrarrojos.
d) Todas las anteriores son correctas.

Pregunta 15: El sistema domótico Simon Vox.Basic:
a) Está diseñado bajo las especificaciones del estándar KNX.
b) Está diseñado bajo las especificaciones del estándar LonWorks.
c) Es el sistema domótico más sencillo y barato del fabricante Simon.
d) Todas las anteriores son correctas.

Evaluación

Reglamento Electrotécnico de Baja Tensión
Instrucción Técnica Complementaria 51

Sistemas de automatización, gestión técnica de la energía y seguridad para viviendas y edificios. ITC 51

1. *Los sistemas de automatización, gestión técnica de la energía y seguridad para viviendas y edificios, también son conocidos como:*

    A. Sistemas domóticos.

    B. Sistemas autónomos.

    C. Sistemas robóticos.

    D. Sistemas empíricos.

2. *Un sistema de elevación de puertas automático:*

    A. Nunca es un sistema domótico.

    B. Siempre es un sistema domótico.

    C. Depende de si es un sistema independiente e instalado como tal.

    D. Depende del nivel de energía consumido.

3. Las siglas ICT hacen referencia a:

A. Instrucciones técnicas complementarias.

B. Instrucción común de comunicaciones.

C. Instalaciones centrales de televisión.

D. Reglamento estructura comunicaciones.

4. Las instalaciones domóticas hacen referencia a:

A. Sistemas de automatización, gestión de la energía y seguridad para viviendas y edificios.

B. Sistemas de automatización, gestión de la energía y seguridad para industrias.

C. Sistemas de automatización, gestión de la energía y seguridad solo en locales de pública concurrencia.

D. Ninguna de las anteriores.

5. En una instalación domótica, a cada una de las unidades del sistema capaces de recibir y procesar información, comunicando, cuando proceda con otras unidades, dentro del mismo sistema, se le denominan:

A. Centralitas.

B. Nodos.

C. RITI.

D. RITS.

6. *Los sistemas domóticos en el cual todos los componentes se unen a un nodo central que dispone de funciones de control y mando se le denominan:*

A. Sistemas descentralizados.

B. Sistemas en árbol.

C. Sistemas concentrados.

D. Sistemas centralizados.

7. *Los sistemas de automatización, gestión de la energía y seguridad considerados en la ITC 51 se clasifican en:*

A. Tres grupos diferentes.

B. Dos grupos diferentes.

C. Cuatro grupos diferentes.

D. No se da tal clasificación.

8. *La topología de la instalación domótica puede ser:*

    A. Anillo y árbol.

    B. Bus o lineal.

    C. Estrella.

    D. Todas las anteriores.

9. *En los sistemas de automatización, gestión de la energía y seguridad, ¿Deberán cumplir una compatibilidad electromagnética?:*

    A. No, nunca.

    B. Sí, siempre.

    C. Depende de la previsión de cargas de la vivienda.

    D. Depende del grado de electrificación.

10. *Las señales voluntarias emitidas o radiadas en un sistema domótico:*

    A. Pueden superar los niveles de inmunidad establecidos en las normas aplicables.

    B. Pueden superar estos niveles en un 50%.

    C. Pueden superar estos niveles en un 20%.

    D. No pueden superar estos niveles.

11. La Norma UNE-EN 50.065-1 establece los requisitos de compatibilidad electromagnéticas para señales:

    A. De 3 kHz hasta 148,5 kHz.

    B. De 3 kHz hasta 148, kHz.

    C. De 5kHz hasta 148,5 kHz.

    D. De 30 kHz hasta 148,5 kHz.

12. Las condiciones particulares de una instalación domótica contempla entre otros:

    A. Los requisitos para sistemas que usan señales radiadas.

    B. Los requisitos para sistemas se señales sonoras.

    C. Los requisitos para sistemas que usan señales en alta tensión.

    D. Ninguna de las anteriores.

Bibliografía

-ALAMADA COUNTRY WASTE MANAGEMENT AUTHORITY. Composter Certification Program.

-ARDUINO CC. Arduino Board Ethernet.

-BEDIA, Ana. Domótica de hoy. Hogares con electrodomésticos inteligentes.

-BIOMASSUSERS NETWORK BUNCA. Fortalecimiento de la capacidad en energía renovable para América Central.

-CRANE, Michael. Producción y distribución de energía eléctrica.

-D'Addario Miguel. Automatismo e instalaciones eléctricas.

-D'Addario Miguel. Energía solar fotovoltaica.

-DELTA VOLT SAC. Baterías.

-ECOVIVE. Afluencia del caudal.

-ENVIRONMENTAL PROTECTION AGENCY. An Analysis of Composting as an Environmental Remediation Technology.

-FAYEZ A, Abdulla. AMANI W, Al-Shareef. Assessment of rainwater roof harvesting systems for Household water supply in Jordan.

-GROPPELLI. GIAMPAOLI. El Camino de la Biodigestión, Ambiente y Tecnología socialmente Aceptad.

-HAYA COMUNICACION. Hidráulica: Energías renovables para todos.

-NOTICIAS DEL ESPACIO. Almacenamiento más Eficaz de Energía Solar y Eólica.

-ORGANIZACION DE ESTADO IBEROAMERICANOS. Energía y crisis socio ambiental (II). Una revolución energética y social es posible.

-SMART GREEN HOLDING. Instalaciones híbridas.

-U.S. Department of Energy. Energy efficiency and Renewable Energy Office EERE.

DOMÓTICA

Tratados, instalaciones y ejercicios

Ing. Miguel D'Addario

Primera edición
Comunidad Europea
2018